[澳大利亚] 乔纳森·福斯特 著　刘嘉 译

记忆

牛津通识读本·

Memory

A Very Short Introduction

译林出版社

图书在版编目（CIP）数据

记忆/（澳）福斯特（Foster, J. K.）著，刘嘉译. —南京：译林出版社，2016.3（2023.7重印）
（牛津通识读本）
书名原文：Memory: A Very Short Introduction
ISBN 978-7-5447-5962-5

Ⅰ.①记… Ⅱ.①福… ②刘… Ⅲ.①记忆学－研究 Ⅳ.①B842.3

中国版本图书馆 CIP 数据核字（2015）第 271037 号

著作权合同登记号 图字：10-2019-263 号

记忆 ［澳大利亚］乔纳森·福斯特 / 著 刘 嘉 / 译

责任编辑 许 丹 何本国
特约编辑 武梦如
责任印制 董 虎

原文出版 Oxford University Press, 2009
出版发行 译林出版社
地 址 南京市湖南路 1 号 A 楼
邮 箱 yilin@yilin.com
网 址 www.yilin.com
市场热线 025-86633278
排 版 南京展望文化发展有限公司
印 刷 江苏凤凰通达印刷有限公司
开 本 890 毫米 × 1260 毫米 1/32
印 张 9
插 页 4
版 次 2016 年 3 月第 1 版
印 次 2023 年 7 月第 9 次印刷
书 号 ISBN 978-7-5447-5962-5
定 价 39.00 元

序言

李量

心理学走进大众当中，是人类文明进化过程中的一个重要组成部分。人类能不断地认识自己的意识和大脑，科普读物功不可没。

不论是对于作为个体的人还是对于整个人类社会生活，记忆的重要性和神秘性都不言而喻。如眼前的这本《记忆》（*Memory: A Very Short Introduction*）开篇所言，没有记忆，“我们就会无法说话、阅读、识别物体、辨别方向或是维系人际关系”。事实上，除了这些，还会有其他更严重的后果：若没有记忆，在时间的流逝中，我们便无法确认自我；也就是说，我们就有可能不知道自己是谁。从这个意义上来说，第一章的标题堪为点睛之笔——“你就是你的记忆”。读到这里，我仿佛看到，科学与哲学在山顶上相会时所踏登的石阶，就是记忆！

对于一般人来说，记忆是一件难以捉摸的事。而对专业人员来讲，谈清楚记忆的本质也绝非易事。作者用了一个生动的例子告诉读者，当你信心满满地自以为牢记了某个物体和事件时，真要细加回忆，往往只有支离破碎的印象。比如书中提到的硬币的例子，平日里几乎每日接触、看过了千万遍，大多数人依然难以回想出硬币的准确细节。古代哲人更是以从鸟舍里寻找特定的一只鸟来比喻追忆的难度。因此，记忆绝不是刻在石碑上的字迹，而更像大平原中的滚滚长河。

在介绍感官记忆时，作者特别提到了"鸡尾酒会"现象。在鸡尾酒会这样嘈杂的室内环境中，虽然同时存在着人的交谈、餐具碰撞、器乐之声等许多不同的声源，一般具有正常听力的人还是能够从所接收到的混合声波中注意到自己所关注的信息，听懂目标语句。这种现象令人惊讶。事实上，自从科林·谢里（Colin Cherry）在上世纪50年代首次提出"鸡尾酒会"问题以来，科学家们一直试图进行解答，但目前为止，尚无令人满意的答案。在我看来，认识"鸡尾酒会"问题之本质还在于认识信息掩蔽和利用知觉线索去掩蔽的本质，而听者利用不同的知觉线索来减少和消除信息掩蔽作用的认知操作又是一个脑科学最为核心的问题。值得一提的是，感官记忆本身也有其复杂的时间结构。尽管作者没有就这个问题展开，但从字里行间中读者不难得到有趣的启发。

记忆似水的另一个含义是，记忆也是会出现偏差的，这是生活中的一个普遍现象，司空见惯。但在某些特别情形下，记忆的偏差可能导致严重后果，比如犯罪调查中"目击者证词"的不真实性。事发现场的很多因素会对目击者造成影响，扭曲其记忆。此外，诱导性的提问方式也会加重这种扭曲，让人分不清真实的记忆与后期增添的虚假记忆。对于警察以及法官、律师等法律工作者来说，对虚假记忆的重视、考察和研究无疑有重大的意义。显然，记忆不是一个独立的认知功能。

将记忆划分成编码、存储和提取三个主要过程，这是由古典时期的柏拉图提出，并一直沿用传袭，为当今的许多研究者所接受的划分方式。在这样的认识下，记忆变成了多重功能、多种组分的集合，而不再是混沌而固化的一团。本书一个令人印象深刻之处在于，贯穿始终强调记忆是一个动态的过程，而不是静态的实体。它既是“自上而下的”系统，受到人的偏见、印象、信仰、态度的左右；又是一个“自下而上的”系统，受到人的感官输入的影响。记忆从来不是人们对信息被动的接收和存放，而是被我们赋予意义，进而被我们的知识和偏见所改写！

捷克著名作家米兰·昆德拉在一本小说中有句名言，大意是说我们经历一件事情的速度与遗忘它的强度成正比。今天，我们身处一个信息高速传输的互联网时代，不仅生活和工作节奏越来越快，接受到的信息也变得海量而又碎片化。对当代人而言，太快的遗忘是一件令人颇感无奈的事。如何增强记忆力？如何忘掉垃圾信息？作者在最后一章专门探究了这一问题。就“硬件”方面来说，目前我们似乎尚无可作为，而在“软件”方面，书中提到了一些颇具借鉴价值的记忆方式，如轨迹记忆法、关键词记忆法、言语记忆法，尤其是具有针对性的“复习迎考时的学习建议”。另一方面，拥有超强的记忆力就一定完全是好事吗？书中通过著名记忆大师、俄罗斯记者舍列舍夫斯基的故事，说明了“无法忘却”的痛苦。史怀哲说“幸福无非就是身体健康、记性不佳”，这是以俏皮的方式表达的生活智慧。好在舍列舍夫斯基的痛苦是一种“奢侈”的痛苦，不是一般人能够体会到的，我们倒是可以先不去管它。

作者乔纳森·福斯特长年致力于记忆和记忆障碍领域的研究。这部作品基于数年积淀，堪为佳作，少有一本书能在如此短的篇幅内把记忆讲得如此透彻、有趣。我愿将这部杰作推荐给所有对这个主题感兴趣的人，不论是专业人士，还是一般读者。

目 录

第一章
你就是你的记忆

人的记忆力有强有弱，发展不均衡，似乎比人的其他才智更加高深莫测。

——简·奥斯汀

事实上，无论我们做什么事，记忆都在其中发挥着举足轻重的作用，本章将就此进行重点阐述。没有记忆，我们就会无法说话、阅读、识别物体、辨别方向或是维系人际关系。为了说明这一点，我们会提供一些有关记忆的常识性观察和思考，以及文学、哲学等领域内重要思想家的相关见解。之后，我们将探讨有关记忆的系统科学研究的简要历史：从19世纪晚期的艾宾浩斯开始，到20世纪30年代的巴特利特，再到近年来，在记忆信息处理模型的语境下所进行的控制实验。最后，我们将思考当前记忆研究的主要方法，以及当代记忆研究设计的主要原则。

记忆力的重要性

为什么，这一上天赐予的能力对去年的事情记得模糊，对昨天的事情记得清楚，而记得最为清楚的是一小时前发生的事情？又是为什么，年老后对童年往事的记忆似乎最为深刻？为什么复述一段经历能强化我们对它的记忆？为什么药物、发热、窒息和兴奋会令遗忘已久的记忆复苏？记忆的这些特性显得相当不可思议；乍一看来，这些特性甚至是互相矛盾的。那么很显然，记忆这一能力的存在并不是绝对的，它需要在特定条件下才能发挥作用。弄清这些条件究竟是什么，则成了心理学家最有趣的任务。

——威廉·詹姆斯，《心理学原理》

在上段引文中，威廉·詹姆斯提到了记忆的某些有趣方面，本章也将涉及记忆的这些迷人特性。但是，由于篇幅所限，对这个在心理学领域被探索得相当彻底的课题，我们当然只能触及一些皮毛。

我们能记住什么？为什么能记住？又是如何记住的？人们已经对这些课题开展了大量研究，这样做的原因是显而易见的：记忆是如此重要的心理过程。正如著名的认知神经科学家迈克尔·加扎尼加所说："除了薄薄的一层'此刻'，我们生命中的一切都是记忆。"记忆能让我们回想起生日、节假日，以及在几小时、几天、几个月甚至几年前发生过的其他重要事件。我们的记忆是个人的、内在的，然而，如果没有记忆力，我们也将无法从事外在的活动——比如进行交谈、辨认朋友的面孔、记得预约时间、尝试实现新的想法、取得工作上的成功等等，我们甚至无法学会走路。

日常生活中的记忆

记忆指的绝不仅仅是过去经历在头脑中的重新浮现。只要某段经历在后来对一个人产生了影响，这影响本身就反映了对那段经历的记忆。

记忆那难以捉摸的特性可以从下面这个例子中窥见一斑。毫无疑问，你平日里一定见过成千上万枚的硬币。但你能准确地回忆出其中某一枚的样子吗？试试你口袋里的那一枚吧。别去看它，试着花几分钟，凭记忆画出相应面额的硬币模样。现在，把你画的和实际的硬币比对一下。你的记忆有多准确？硬币上头像的方向画对了吗？硬币上的文字你能回想起多少？（或是一个字都没想起来？）文字在硬币上的位置是否正确？

早在20世纪七八十年代，专家就针对这一课题进行了系统研究。研究人员发现，对于像硬币这样常见的事物，多数人的记忆力其实很差。我们想当然地认为，自己能轻而易举地记住这些东西——但某种意义上，这类记忆根本不存在！你可以用周围其他常见的物品来试试看，比如说邮票，或者可以回想一下公司同事或好友的日常穿着，你将会得到同样的结论。

这一发现的关键点在于：我们倾向于记住对自己而言最显著、最有用的信息。比如，我们能更好地记住硬币的大小、尺寸及颜色，却容易忽略硬币上面头像的方向和文字的内容，因为货币的大小、尺寸及颜色是对我们而言最重要的特征，这些信息有助于我们的支付和交易活动，而这正是货币诞生的直接目的。同样地，当我们去记认不同的人的时候，通常都会记住他们的面孔以及其他变化不大又具有代表性的特征，而不大会记住那些时常变化的特征（比如个人着装）。

现在我们暂且将硬币和衣服的例子放在一边。以下的情形或许能更直接明了地说明记忆的作用：某个学生在听完一堂课后，在考场上顺利地回忆起课上讲授的内容。早在学生时代，我们就对这类记忆非常熟悉了。但我们或许很少意识到的是，即使这个学生没能“想起”那堂课以及课上所讲的内容本身，而只是泛泛地运用了课上所讲的内容（也就是说，他没有关于这堂课的**情景记忆**，他并没有想起那堂课，没有回忆起当时情景中的具体信息），记忆仍然在他的脑海中发挥着重要的作用。

当这个学生综合使用课堂上所讲授的信息时，我们便可以说这些信息进入了他的**语义记忆**，这种记忆类似于我们平时所说的“常识”。此外，如果这个学生日后对这堂课所涉及的话题产生了兴趣（或者恰恰相反，极其不感兴趣），这本身可能就体现了对那堂课的记忆，即使这个学生无法有意识地回想起他上过什么课、课上讲了什么内容。

同样，无论我们是否有意识地去学习，记忆都在发挥作用。事实上，我们平时很少像学生读书那样，努力往头脑中“刻录”各种信息，以便牢牢地记住。相反，大多数时间里，我们只是正常延续着每天的生活。但如果日常生活中有重要事件发生（在我们成为现代人类的进化历程中，这类事件往往与“威胁”或“奖励”有关），我们特有的生理和心理模式便会开始运作，因此我们会比较容易记住这些事件。例如，多数人都曾忘记自己把车停在了大型停车场里的什么位置。但如果我们在停车场里发生了事故，撞坏了自己的车或邻位的车，我们便会产生本能的应激反应，从而把这类事件（以及我们当时的车位）记得尤其清楚。

因此，记忆的清晰程度并不取决于人们想要记住这件事的意愿强烈程度。此外，只要过去的事件影响了我们的**想法**、**感觉**或**行为**（就像之前所探讨的学生上课的例子那样），就足以证明我们对这些事件存有记忆。无论我们是否打算提取和使用过往的信息，记忆都会发挥作用。许多往事的影响都是无意间发生的，而且可能会出乎意料地“跳进脑海中”。学者们在过去几十年

图1　我们对于非常熟悉常见的事物（例如硬币）的记忆力，通常比我们想象中的要差很多

中的研究表明，记忆信息的提取甚至也可能与我们的意愿相左。这一问题在时下的许多研究（例如创伤后的记忆恢复问题）中已经成为热点话题。

记忆形成的模型和机制

关于记忆是如何形成的，人们曾提出过很多不同的模型，最早的可追溯至古典时代。柏拉图将记忆看作一块蜡板，上面可以留下印记或**编码**，随后**存储**下来，以便我们日后**提取**这些印记（即记忆）。编码、存储和提取这三者的区分，直到今天仍被研究者们沿用。其他古典时期的哲学家还曾将记忆比作鸟舍里的鸟，或是图书馆里的书，这强调了"追忆"的难度：提取特定的信息，犹如抓到特定的那只鸟或找到特定的那本书，难度可见一斑。

现代的理论家们已经开始认识到，记忆是一个**选择性**、**解释性**的过程。换言之，记忆不仅仅是被动地储存信息。在学习和存储新的信息之后，我们可以对其进行选择、解释，并将不同的信息相互整合，从而更好地运用我们学会和记住的信息。这或许就是为什么象棋专家能轻松地记住棋盘上各个棋子的位置，而足球迷能轻松地记住周末球赛比分的原因：他们在相关领域内拥有丰富的知识，而他们知识体系内的不同要素之间又彼此关联着。

然而我们的记忆力远远谈不上完美。正如作家、哲学家C.S.刘易斯概括的那样：

> 我们有五种感官，有抽象得无可救药的智力，有片面选择的记忆，还有一系列先入为主的观念和假设，多到让人只能察验其中的一小部分，而根本无法全盘觉察。这样的配置，能观照出多少事实的全貌呢？

图2　鸟舍中的鸟：提取正确的记忆曾被喻为从装满鸟的鸟舍里抓到特定的某只鸟

要在这个世界上有效地运转，有些事情我们需要记住，有些则无须记住。前面我们已经留意到，需要记住的事情常常具有进化上的重要意义：在与“威胁”或“奖赏”相关的情形下（无论是实际存在的，还是自己认为如此的），相应的大脑机制会被激活，从而令我们能更好地进行记忆。

沿着这一线索来思考，许多当代学者认为，记忆机制最重要的特点在于：**这是一个动态的活动**，或者说是**一个过程**，而不是**静态的实体**或**事物**。

艾宾浩斯的研究

虽然有关记忆的个人观察和轶事颇有趣味和启发性，但这通常来自某一个人的具体经历，因此客观真实性以及普遍适用性均有待商榷。而系统的科学研究则可以为相关课题提供独特的洞见。其中，赫尔曼·艾宾浩斯曾在19世纪晚期针对记忆和遗忘进行了一系列经典的研究。

艾宾浩斯自学了169个音节组，每组都包含13个无意义的音节。每个音节包括“毫无意义的”三个字母，以辅音—元音—辅音的方式组成（例如：PEL）。经过21分钟到31天不等的时间间隔之后，艾宾浩斯再次对这些音节组进行记忆。他对这段时间内的遗忘率尤其感兴趣，并使用“节省量”（再次学习时所节省的时间与初次学习时间的比值）来衡量遗忘的程度。

艾宾浩斯发现，遗忘速度大致呈现负指数规律变化，即在学习完材料后的最初阶段，遗忘进展得很快，之后，遗忘的速度会慢下来。所以，遗忘速度是呈负指数规律的，而不是线性的。这一观察已然经过时间的检验，适用于一系列不同的学习材料和学习条件。因此，如果你离开学校后不再学习法语，那么在最初的12个月里，你对法语词汇的遗忘会发生得非常快。但随着时间继续推移，你的遗忘速度将会降低。如果你五年或十年后再学习法语，你会吃惊地发现自己还能记住这么多词汇（与几年前你所能记住的相差不多）。

艾宾浩斯还发现了记忆的另一个有趣特点。对于那些“丢失了的”信息，例如那些被遗忘了的法语词汇，你能比初学者更快地再次掌握它们（这就是艾宾浩斯提出的“节省”的概念）。这一发现意味着，这些“丢失了的”信息一定还在大脑中留存着痕迹。这也证实了**无意识**认知的重要性：显然我们已经无法**有意识**地记住这些“丢失了的”法语词汇，但研究表明，我们在潜意识里仍然留有相关的记忆。我们会在后面的章节中对此进行探讨。著名心理学家B.F.斯金纳也提出过与此密切相关的观点，他写道：“教育是经历了学习和遗忘后仍留存下来的东西。”对此我们可以补充：“在有意识的记忆中遗忘了，但仍然以其他的形式留存着。”

艾宾浩斯的经典著作《论记忆》（*On Memory*）于1885年出版。该著作涵盖了艾宾浩斯在记忆研究方面的许多不朽贡献，包括无意义音节实验、遗忘的负指数规律变化、“节省”这一概念的提出，以及艾宾浩斯在他的研究中系统探究的一些问题，例如重复对记忆的影响、遗忘曲线的形状、诗歌与无意义音节的记忆效果对比等等。艾宾浩斯所采用的实验研究法具有非常重要的优势，它对许多可能扭曲实验结果的外部因素进行了控制。艾宾浩斯把他所使用的无意义音节称为“一律毫不相关”的，并将这一点视为其研究方法的优点。但是，他也可能由于同样的原因遭到诟病，因为他没有使用更具意义的记忆材料。业内一些学者曾提出，艾宾浩斯的方法有些过于简单化，将精妙的记忆过程简化成了人造的、数学的构成。虽然艾宾浩斯采取了科学、严谨的步骤，从而将记忆机制分割为容易处理的组成部分，但这种方法的风险在于，那些真正令记忆在日常生活中发挥作用的本质方面

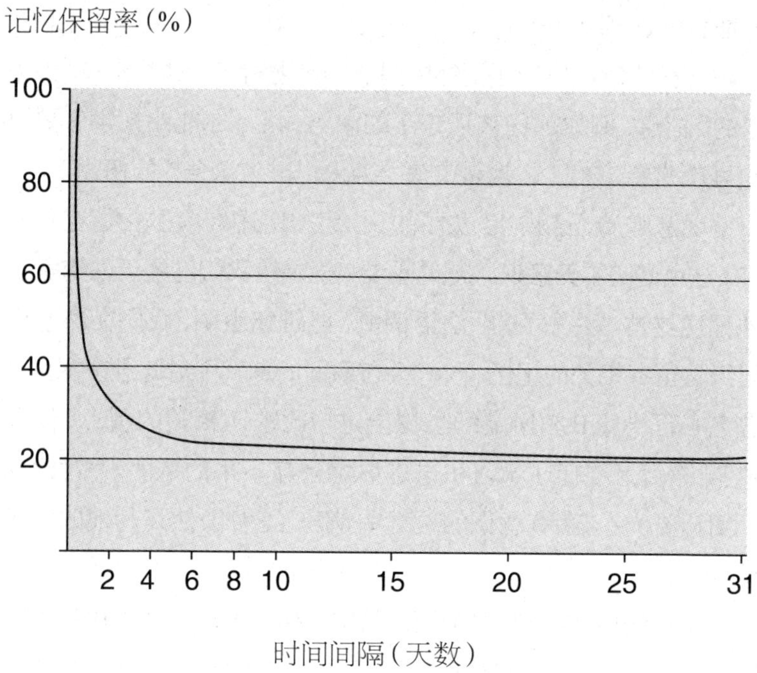

图3　艾宾浩斯发现，在自学由“辅音—元音—辅音”组成的三字母音节组后，他的遗忘速度大致呈现负指数规律变化(即遗忘在最初发生得很快，之后遗忘的速度会慢下来)

(甚至是决定性的方面)有可能被剔除了。因此，我们需要问一个重要的问题：艾宾浩斯的发现在多大程度上概括了人类记忆作为一个整体机能的特点?

巴特利特的研究

记忆研究领域内第二个伟大的体系出现在20世纪上半叶，即艾宾浩斯之后的几十年，这一体系以弗雷德里克·巴特利特的研究为代表。在1932年出版的著作《回忆》(*Remembering*)中，巴特利特对红极一时的艾宾浩斯的研究提出了质疑。巴特利特认为，利用无意义音节进行的研究并不能很好地反映现实生活中人们的记忆是如何运作的。他提出了一个重要的问题：生活中，有多少人会花时间去记忆无意义的音节？艾宾浩斯努力做到让测试材料不具备意义，巴特利特却反其道而行，着重使用本身具有意义的材料（更准确地说，是我们试图赋予意义的材料），而他选择的受试者将在相对自然的条件下对这些材料进行学习和记忆。的确，我们自然而然地就会为周围发生的事情赋予意义，这似乎是“人类本性”的基本特点之一。这一点在巴特利特的很多著作中都有所强调。例如，在巴特利特的一些最有影响的研究中，受试者曾被要求阅读一些故事（其中最有名的一篇叫作“鬼的战争”），然后再将故事回忆出来。巴特利特发现每个人回忆故事的方式都独具一格，但他也找到了一些普遍的趋势：

- 人们回忆出的故事往往比实际的故事要短；
- 故事变得更为连贯了，换句话说，人们在试图理解不熟悉的材料时，会将这些材料与脑海里业已存在的想法、知识和文化上的预设联系起来；
- 人们在追忆时对故事所做出的修改，往往跟他们第一次听到该故事时的反应和感受有关。

巴特利特认为，对于要记住的事件，人们的情感色彩和关注程度存在不同，这多少会影响实际被记住的内容。用巴特利特的话说，记忆会保留“一些鲜明的细节”，而我们记住的其他内容只不过是在原有事件的影响下，我们自己精心加工后的产物。巴特利特将记忆的这一关键特征称为“重建”，而非“再现”。换言之，我们对过往事件和故事的记忆不是一种**复制**，而是基于既有的预设、期望以及我们的"心理定势"而进行的**重建**。

举例而言，想象一下，分别支持不同国家（英国和德国）的两个人在各自报道刚看过的同一场足球赛（英国队对德国队）。球场上进行的是同样一场客观发生的赛事，但是与德国队的支持者相比，英国队的支持者极有可能以完全不同的方式报道这一赛事。同样地，当两个人看同一部电影，他们对于电影内容的描述会较为相似，但同时也会存在很大的不同。他们的描述为什么会有差别呢？这取决于他们的兴趣点、动机以及情绪反应，取决于他们如何理解眼前的故事。同样，在上届大选中为现任政府投票的选民和为反对党投票的选民，对同一件国家大事——比如一场战争——的记忆也会非常不同。这些例子也暗示出，社会因素（比如人们心中的刻板印象）会影响我们对事件的记忆。

因此，巴特利特和艾宾浩斯在记忆研究中采取的方法存在重要的区别。巴特利特观点的核心在于，人们会为自己观察到的事件赋予意义，而这会影响他们对这些事件的记忆。对于采用相对抽象、无意义的记忆材料来进行的实验室研究而言，这一点或许并不重要，艾宾浩斯所做的无意义音节实验便是如此。但是巴特利特认为，在现实世界更自然的场景中，这种**对于意义的追求**是记忆运作的重要特点之一。

构建记忆

从巴特利特的研究中我们可以看到，记忆与DVD（数字多功能光盘）或录像带不同，并非对世界的客观真实的复制。将记忆视为世界对个人所产生的影响，可能会更有助于理解。事实上，"记忆构建"这一思路将记忆描述为客观事实与个人想法、期望共同作用后得到的产物。例如，每个人观看同一部电影，体验总会存在一定差异，因为他们是不同的个体，拥有各自不同的过去，持有不同的价值取向、观念、目的、情感、期望、心境以及过往的经历。在电影院内，他们可能就坐在彼此身旁，但重要的是，他们主观上其实在体验着不同的两部影片。因此，已发生的一个事件，实际上是由经历这个事件的个人所构建的。这种构建会受到“事件”本身（在这个例子中，即影片的播放）的影响，但它同时也是每个人各自的特点和性情的产物。所有这些因素，都在个人对事件的体验、编码和存储过程中发挥着重要作用。

接着，当我们回忆时，电影中的某些部分会立即浮现在脑海里，而其他部分则可能会被我们重新构建出来。这种构建是基于我们记住的那部分，以及我们认为或相信一定发生了的其他部分——后者很有可能是通过我们对世界的推理和想象，结合我们所能记住的影片中的元素，进而推断出来的。事实上，我们极其善于进行这种重新构建，或者说是“填空”，以至于我们常常无法意识到这个过程的发生。当某段记忆被反复讲述出来，而每次讲述都伴随着不同的影响因素时，这种重新构建尤其可能发生（参见14页文框中引用的巴特利特所采取的“系列再现”和“重复再现”技巧）。在这类情况下，“重新构建”的记忆往往和“真正回想起”的事件显得同样真实。这一点是颇令人担忧的，因为当人们在追忆自己目击的凶杀事件或者自己童年时遭受的侵犯时，实际上无法确定这些信息是自己真正“记住”的，还是自己基于对世界的理解，在填补了缺失的信息之后“重新构建”的（参见第四章）。

有鉴于此，“追忆”这一行为曾被比作：一个知识丰富的古生物学家，试图将一组不完整的残骸拼凑成一只完整的恐龙。这个类比告诉我们，过去的事件令我们拥有了一组不完整的“残骸”（其中还偶尔夹杂着一些与过去事件完全不相关的“骨头”）。当我们尝试将这些残骸拼凑成原本的样子时，我们对这个世界的理解会在这一过程中发挥作用。最后我们组建出来的记忆，可能包含一些来自过去的真实部分（即“真正的恐龙骨头”），但是，就整体而言，这仍然是当下对过去的一次不完美的重建。

鬼的战争

巴特利特曾经仿效艾宾浩斯，尝试使用无意义音节进行更深入的实验，但结果，用他自己的话来说，是“让人失望的，而且越来越令人不满意”。于是，他将材料换成了“本身具有一定趣味性”的普通散文，而这种材料正是艾宾浩斯舍弃不用的。

巴特利特在实验中使用了两种基本方法。第一种是“系列再现”，类似于耳语传话的游戏：第一个人将一些内容传给第二个人，第二个人又将同样的内容传给第三个人，以此类推。最终，研究者将小组里最后一个人听到的内容与原始信息进行比较。

第二种方法是“重复再现”，指的是同一个人在学习某内容之后的一定时间内（从15分钟到几年不等），反复地复述该信息。

巴特利特在记忆研究中采用的最著名的散文材料是一则印第安人的民间故事，叫作“鬼的战争”：

一天晚上，两个来自艾古拉克的年轻人去河边捕海豹。当他们在河边的时候，起雾了，但风平浪静。顷刻，他们听见了厮杀的呐喊声，心想那可能是勇士们，于是两人赶紧跑上岸，隐藏在一根大木头后面。这时，几只独木舟驶来，他们听见了划桨的声音，还看到一只独木舟向他们靠近，上面有五个人。这些人向他们喊道："我们想带上你们，怎么样？我们要去上游，和人开战。"

其中一个年轻人回答："我没有箭。""船上有箭！"那些人喊道。"我不想跟你们去，我会被杀死的，家里人还不知道我跑到哪里去了。"这个年轻人说完之后，转向他的同伴说："不过你可以跟他们去。"于是，那个年轻人跟着去了，另一个则返回家中。

勇士们继续沿河而上，抵达了卡拉玛河对岸的一个小镇。这些人跳入水中开始战斗，许多人被杀死了。这时，同来的年轻人听见一位勇士叫道："快，我们快回去，这个人被打中了。"这时他才想到："哎哟，这些人是鬼。"他并没有感到痛，但这些人却说他已被打伤了。

独木舟返回了艾古拉克，年轻人上岸回到家里，生起了火。他逢人便说："瞧，我遇见鬼了，我还去打仗了。我们这一拨有好多都被杀死了，但攻击我们的人也被杀了不少。他们说我被射伤了，但我根本不觉得疼。"

年轻人说完就不作声了。当太阳升起时，他倒下了。一些黑色的东西从他嘴里流出来，他的脸也变了样。人们吃惊地跳起来，大叫着。这个年轻人死了。

巴特利特选择这则故事，是因为它不符合实验参与者们所熟悉的英语叙事传统。在英美人听来，这故事很不连贯，甚至有些支离破碎。巴特利特预感到，这会让他的受试者们在复述过程中加进更多的修改。

例如，以下是某个受试者第四次复述时所说的，他第一次听到这故事是在几个月之前了：

两个年轻人去河里捕海豹。他们正躲在一块岩石后面，这时一艘船向他们驶来，上面有一些勇士。但这些勇士说他们是朋友，并邀请这两个年轻人去河对岸帮他们攻打敌人。年纪大些的那个年轻人说他不能去，因为他不回家的话，家里人会担心。因此年纪更小的那个年轻人上了船跟他们去了。

晚上他回到家，告诉朋友们他参加了一场激烈的战斗，双方都死伤惨重。他生了火就去睡觉了。第二天早晨，当太阳升起时，他病倒了。邻居们来探望他，他告诉他们，他在战斗中受了伤，但根本没觉得疼。但很快他的情况就恶化了。他扭动着，尖叫着，倒在地上死了。一些黑色的东西从他嘴里流出来。邻居们说，和他对战的肯定是鬼。

从实验中，巴特利特得出了结论：人们倾向于把他们正在记忆的材料合理化。换言之，他们试图让材料更好理解，并将其修改成让他们感觉更舒服的内容。巴特利特对这一现象的总结如下：

回忆，并不是去重新激活那无数固定不变、死气沉沉、支离破碎的旧日痕迹。回忆是运用想象力去重建或构建。这种重建或构建是基于我们自身的态度和看法：我们对于过往经历（这些经历活跃且经过整理）的态度，以及我们对于一小部分鲜明细节（这些细节往往以图像或语言的形式体现）的态度。因此，回忆几乎总是不准确的，即便是最基本的机械复述，也不会真正精确……

人们的确经常发现自己的记忆有些不可靠；目睹同一事件的两个人，复述出来的内容也往往不甚相同。从巴特利特的研究结论来说，这一切恐怕都没有什么可惊讶的了。

在介绍过记忆研究的实验领域内最有影响的两个人物之后，接下来我们将探讨一些更为现代的研究方法和成果。

记忆研究的新方法

对记忆的研究，可以通过很多方法在很多情况下进行。凭借操控技术，人们也可以在现实生活中研究记忆。不过，迄今为止，关于记忆的大多数客观研究是由实验构成的：在经过控制的条件下（通常是在实验室环境里），采用一组需要记住的词语或其他类似的材料，将不同操作带来的结果进行对比。这些操作可能涉及对记忆有影响的任何变量，包括材料的性质（比如，是视觉刺激还是语言刺激）、受试者对材料的熟悉程度、记忆环境和测试环境之间的相似度，以及学习的积极性等等。在过去的实验中，研究者们已经使用过以下刺激物作为记忆材料：单词组，类似艾宾浩斯所使用的无意义音节，数字或图片；其他类型的材料还包括文本、故事、诗歌、预约的时间地点，以及生活事件。

近几十年内对记忆进行的实证研究，通常是在信息处理的语境下，用“二战”后多数研究者所使用的计算机模型对实验结果进行解读。在这样的框架下，研究者普遍认为，人类记忆（以及其他认知能力）的功能特性与计算机信息处理的特点十分相似。（这一类比强调的是计算机的功能属性，或者说**软件**，而非**硬件**。）艾宾浩斯和巴特利特的早期研究通常专注于对个体案例（甚至是对艾宾浩斯本人的研究！）进行深入考察，相比之下，近年的研究往往包括大量的受试者。研究者们运用强大的推论统计技术，对分组实验的结果进行分析，从而使我们能客观地解读实验结果的规模和重要性。

观察与推理：现代的记忆研究

只要我们经历的事件对我们此后的行为产生了影响，就能证明记忆的存在。但是我们怎样才能确定，之后的行为的确是被过去的事件所影响的呢？在本章的最后一部分，我们来探讨当代学者研究记忆的一些方法。

试试看：写下首先浮现在你脑海中的15种家具，然后和22页上的列表进行比较。两个列表可能有一些重合。如果你事先已经看过一份写着家具名称的列表，并被要求记住它，我们是否可以合乎逻辑地推断，你罗列出的名称来自你对先前那份列表的记忆？这并不是一个可靠的推断：有些家具或许是你从先前的列表中有意识地回想起来的，其他一些可能来自先前那份列表所产生的间接或无意识的影响，但还有另外一些，你想到它们可能仅仅只是因为它们本来就属于家具（换句话说，完全不是因为你事先看过那个列表）。因此，我们并不能得出以下结论：你写出的列表同之前那份列表之间重合的程度，是衡量你对先前那份列表的记忆的有效标准。这是因为，发生重合的原因可能是前面提到的任何一种。

家具列表的例子反映了记忆研究中的一个重要问题。我们已注意到，记忆是无法被直接观察到的，这跟观察一场暴风雨或是一次化学实验完全不同。记忆是从行为的变化中推测出来的，我们一般需要通过观察受试者在设计好的任务中的行为变化来观测记忆。但是，受试者在任务过程中的行为变化不仅会受到对原始事件的记忆的影响，还会受到其他因素的影响，比如个人的动机、兴趣、常识以及相关的推理过程。因此，在系统地研究记忆的功能特性时，区分以下两点非常重要：1）哪些是**观察到的**（这往往会受到其他非记忆因素的影响）；2）哪些是**推断出来的**。

为了解决这个问题，在记忆研究中，我们通常会对比不同的受试者小组，每组涉及对记忆的不同操作。某一过往事件，或者某种对记忆的操作，都只在一个小组内出现，不涉及其他的组。在选择所有组内的受试者时，需要确保他们在所有可能相关的维度上都是一致的，至少要非常接近：例如，各组在年龄、教育程度和智商方面都不应有差异。这样的实验设计，是本书所探讨的绝大多数（即便不算全部的话）材料的基础。其中的逻辑是，在不同组的受试者之间，已知的相关差异就在于有或没有对某事件的记忆，或者这种记忆是否受到了某种操控，那么，此后观察得到的不同组间的差异就应该能反映对这个事件的记忆程度。但需要注意的是，这仅仅是一个假设，尽管通常而言这是个合理的假设。除此之外，确定不同组的受试者之间不存在其他可能会影响研究结果的差异，也是至关重要的。

下面我们来看一个这种研究方法的例子，这个例子来自对“睡眠中的学习”这一现象的系统研究。假设，你睡觉时给自己播放录有信息的磁带，希望或期待可以记住这些信息。你怎样才能知道听磁带是否有效呢？为了回答这一问题，你可能会在一些人睡觉的时候给他们播放这些信息，然后把他们叫醒，观察他们的行为是否能反映之前播放的任何信息。伍德、布特森、希尔斯特伦和沙克特曾经就此进行过实验。在受试者睡着后，工作人员会大声朗读出成对的单词，每一对都由一个类别名称和一个该类别中的物品名称组成（例如："金属：黄金"），每一对都会重复朗读几遍。十分钟后，再把受试者唤醒，要求他们根据所给出的类别，说出他们能想到的物品名称。这一研究的基本假设是，如果受试者能记住他睡着时工作人员朗读的单词，那么在他随后列举的金属中就很有可能包括"黄金"。

但是，正如上文所提到的，要对记住的信息进行有效推断，如果仅仅观察有多少受试者睡眠时"听到"的内容出现在了他们醒来后列举的单词组中，显然并不足够。比如，即使受试者睡着时工作人员没有朗读"黄金"一词，许多受试者在后来列举金属时还是会提到"黄金"。根据上文提到的好的研究设计原则，为了解决此类问题，研究者可以考察不同的实验组在不同实验条件下的表现差异。

在研究中，伍德和他的同事们进行了两种对比。第一种对比是在不同的实验组之间：工作人员朗读单词组时，一些受试者醒着，而另一些是睡着的。受试者是随机分配到"睡眠组"或"清醒组"的，因此，对朗读过的内容分别在这两组中出现的频次进行比较，就能说明人们究竟更容易受以下哪种情况的影响：1）清醒时听到朗读；2）睡眠中"听到"朗读。实验结果显示，那些醒着听到工作人员朗读的受试者提到所朗读内容的比例，比睡眠中"听到"朗读的受试者要高出两倍多。这项对比的结果并不出人意料，它说明清醒时学习的效果要比睡着时学习的效果好。

然而需要注意的是，这个实验并不能排除另一种可能性：对那些睡着的受试者而言，他们“听到”的朗读也能对他们后来的记忆表现发挥正面作用。

研究者们因此又进行了另一项重要对比，相当巧妙地再次进行了测试。他们在研究中使用了两份不同的单词组列表，其中一份包括“金属：黄金”，而另一份包括“花卉：蝴蝶花”。面对所有睡着的受试者，工作人员会朗读其中某一份单词组列表。而受试者被叫醒之后，会被问到两份单词组列表中的内容。这样的流程可以让实验者比较，在受试者被叫醒后所列举的单词组中，睡着时“听到”过的词组出现的频率是否高于没听到过的词组。换句话说，研究者对同一个受试者也进行了多方位的观察和比较。

比较这些在睡眠中“听到”了不同词组的受试者，结果显示：无论工作人员有没有对他们朗读过某些单词组，他们后来提到这些内容的频率并没有真正的区别。然而，如果工作人员朗读单词组时受试者是清醒的，那么，类似的比较表明，工作人员的朗读对受试者的单词记忆具有显著的影响。

小结

从这一章中我们已经知道，无论我们做什么事，记忆都在其中发挥着至关重要的作用。没有记忆，我们就会无法说话、阅读、识别物体、辨别方向或是维系人际关系。虽然有关记忆的个人观察和轶事颇有趣味和启发性，但这往往只是来自某一个人的具体经历，因此，这些观察究竟在多大程度上普遍适用于所有个体，是值得探讨的。我们已经从艾宾浩斯和巴特利特的研究中看到，系统的研究可以就人类记忆的功能特性带来重要的洞察。近些年，我们已经可以凭借强大的观察和统计技术来系统地分析记忆的功能特性，对于精心控制的实验所得的结果，我们已能够解读其规模和重要性。本书的下面几章将探讨这类研究所获得的一些突出成果。我们将会看到，把记忆视为一种**活动**，而非静态的**事物**，是更为准确的。此外，近来最重要的科学发现之一就是，记忆是多种功能的集合，因此不应将记忆视为单个的实体（比如，“我的记忆”如何如何）。关于这一点，我们将在第二章里作进一步解释。

18页提到的家具清单

椅子	衣橱
桌子	书架
凳子	书桌
橱柜	陈列柜
床	壁橱
沙发	箱子

第二章

记忆的图景

这一章将会探讨以下两个核心问题：记忆系统是如何运作的；我们如何定义记忆的各种功能组成。我们会阐明一个核心观点：任何记忆系统，无论是人类的大脑（它有时被称为“已知宇宙内最复杂的系统”）、计算机的硬盘、录像机，还是办公室里一只简陋的文件柜，如果要正常运行，都需要能做到三件事：编码、存储，以及有效地提取信息。如果这三道工序中有任何一道出现问题，记忆的运作就会失灵。讨论过这一点之后，我们会了解一下研究者们都是怎样对构成记忆的不同功能和工序进行定义的。

我们在生活中常会觉得这个人的记性好、那个人的记性差，在这样想的时候，我们不知不觉地把记忆当作一个单一的过程来看待。但这其实是错误的。过去的一百年中，对健康的受试者以及大脑受伤的临床病人的许多研究已经表明，记忆是由多个不同的成分所组成的。我将会运用类比来阐明短时记忆和长时记忆之间的关键区别——对于这种区别，无论临床医师还是外行人士都常常产生误解。接着我们会分别探讨短时记忆和长时记忆的不同功能组成。对于后面的几个章节，本章将会提供一个有助于理解的概念框架。

记忆的逻辑：编码、存储和提取

这是迷迭香，它代表了回忆；我求你，亲爱的，记着……

——莎士比亚，《哈姆雷特》

任何有效的记忆系统，无论是录音机、录像机、你计算机里的硬盘，还是一个简陋的文件柜，都需要能很好地完成三件事。它必须能够：

1. **编码**（即接收或获得）信息；

2. 准确地**存储**或保留信息（如果是长时记忆的话，能保留很长时间）；

3. **提取**或读取已存储的信息。

用文件柜打个比方：首先，你在某个地方存放了一个文件。那个文件就在那里，当你需要它的时候，你就会从文件柜里取出这个文件。但是，除非你拥有一套不错的检索办法，否则你就不容易找到这个文档。因此，记忆不仅涉及信息的接收和存储，还包括信息的提取。只有这三个组成部分协同合作、运行良好，记忆才能有效地工作。

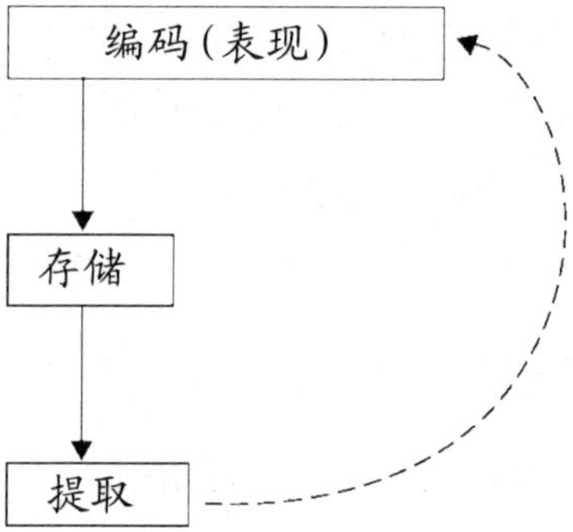

图4　要探讨人类的记忆是如何运行的，编码、存储和提取之间的逻辑区别很关键

编码出现问题，通常与注意力不集中有关。存储发生问题，就是我们生活中所说的遗忘。在探讨提取的时候，我们常常需要区分两个概念：信息是否**可用**，以及信息是否**可及**。比如，有时候我们想不起某个人的名字，但感觉这个名字就在嘴边。我们可能想得起这个名字的第一个字，或者名字的字数，但就是说不出整个名字，难怪人们把这种情况称为"话到嘴边，就是想不起来"。我们知道自己已经把信息存在某个地方了，我们可能还想得起其中的部分内容，所以从理论上说这个信息是"可用"的，但此时此刻，完整的信息对我们来说遥不可及。虽然人们的记忆中存储了大量的信息，这些信息在理论上一直存在，但通常只有其中的一小部分可以被随时提取、使用。

如果这三个组成部分（编码、存储和提取）中的一个或多个出现故障，记忆的运作就会失灵。在"话到嘴边想不起来"的情况中，是提取功能出现了问题。三个组成部分都不可或缺，无论哪一个都无法单独发挥作用，这就是记忆的基本逻辑。

不同类型的记忆：记忆的功能结构

在柏拉图的时代，人们是基于自己的感受和印象对人类的头脑进行推测的。直到现在有些人依然是这样，他们对有关人类大脑和心智的科学发现毫不在意，认为那些只不过是"常识"罢了。但如今我们有了来自实验的（通常被称为"实证性的"）发现，可以用作我们理论的基础。我们展开缜密的、严格控制的实验，用来搜集关于人类记忆运作方式的客观信息（参见第一章）。我们将会看到，其中一些已成定论的发现，恰与许多人所依赖的"常识"相悖。

为了理解记忆，实验研究者们运用了种种系统性技术，其中一种是将记忆这一宽泛的领域细分为作用不同的几个部分。想一想你上次进家门时的穿着。这样一种记忆，比起回想一年中哪几个月有30天，或者说出20到30之间的质数，或是记起怎么做煎蛋卷，有何区别？直观地讲，这些似乎确实是不同类型的记忆。但这样说的科学依据又是什么呢？事实上，过去一百多年中最重要的发现之一就在于：记忆是由多个部分组成的，而不是一个单一的实体。在本章以及书中其他章节里，我们会进一步讨论这些组成部分之间的区别。

在20世纪60年代，对记忆的细分开始通行，这种细分建立在计算机信息处理模型的基础之上。随着“二战”后信息技术的快速发展，人们对计算机处理过程中的信息存储条件的认识有了长足进步，并随后发展出了关于记忆处理的三阶段模型。其中，阿特金森和希夫林于60年代所提出的模型最为完善。在这些阶段模型中，信息首先被短暂地储存于**感官记忆**中，随后又被有选择地转移到**短时记忆**中。之后，又有更小的一部分信息进入了**长时记忆**。

这些不同存储模式的特点概述如下。

多重存储记忆模型

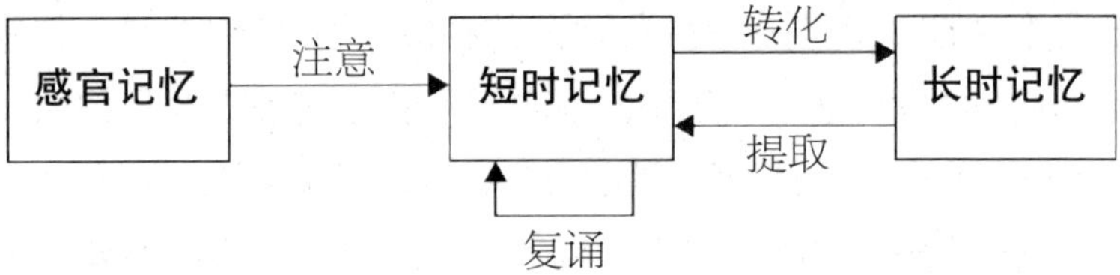

图5　记忆的多重存储（或多种情态）模型，由阿特金森和希夫林在1968年首次加以描述。这一模型为理解记忆提供了一种非常有益的启发性框架

感官记忆

感官记忆似乎是在意识层面以下发挥作用的。它从各种感官那里获得信息，保留很短的时间，而在这短短的时间中我们将会决定去注意其中的哪些信息。所谓“鸡尾酒会现象”就是一个例子：在喧闹的环境中，你听到某个角落里有人说了你的名字，于是自动地将注意力转向他们的对话。另一个常见的情形是，我们有时会要求某人重复一个动作，或重复他说过的什么话，因为我们相信自己已经忘记了这些内容。但同时我们也发现，事实上，我们对先前的信息仍然是有印象的。在感官记忆中，我们所忽视的信息都会迅速丢失，无法再取回——从感官的角度来说，这些信息的消退就如同光线减弱、声音消散。所以，如果某人在说话而你没有注意听，有时候你也能抓住一些片断，但片刻之后，这些片段就会完全消失。

一些实验结果验证了感官记忆的存在。例如在斯珀林于1960年所进行的实验中，受试者在极短的时间（比如50毫秒）内会看到12个字母。虽然事后这些受试者只说得出四个字母，但斯珀林怀疑他们实际上有能力记住更多的字母，只是信息消失得太快，他们来不及复述出来。为了验证这一假设，斯珀林巧妙地设计了一种视觉矩阵，由三行字母组成。受试者在看到这三行字母后的极短时间内会听到一个声音，他们被要求根据音调的高低，有选择地复述视觉矩阵中某一行的内容。通过这种**部分复述**的方式，斯珀林发现，人们可以回忆出任意一个包含四个字母的行列中的三个字母。这便意味着，在很短的时间内，12个字母中有将近九个是可能被复述出来的。

根据这一类的研究，研究者们推断出了感官记忆的存在。感官记忆可以非常短暂地存储大量不断涌现的感官信息，而大脑只会选择其中的一部分内容加以处理。储存视觉信息的感官记忆叫作**图像记忆**，储存声音信息的感官记忆叫作**回声记忆**。感官记忆的普遍特点是丰富（就其内容而言）但非常短暂（就其存留时间而言）。

短时记忆

20世纪60年代所推崇的信息处理模型认为，在感官记忆之外还存在着一个或多个短时记忆系统，能将信息留存约几秒钟。我们对某些信息加以注意，便可以将其引入短时记忆（有时也被称为**初级记忆**或**短时存储**）中。短时记忆能存储大约七项内容，比如拨打新的电话号码时我们用的就是短时记忆。因为容量有限，一旦短时记忆的空间被填满，旧的信息就会被新的信息所取代。短时记忆储存的是相对不太重要的内容（例如，某个今天需要拨打但以后不会再用到的电话号码），使用后便会逐渐消失，就像你打电话给电影院询问今天晚上放映什么电影，你只需要将电话号码记住一小会儿，之后就可以将它丢弃。

在科学文献中，言语短时记忆受到了相当多的关注。至少从某种程度上说，这种记忆的存在是从自由回忆的**近因效应**推断出来的。例如，波斯特曼和菲利普斯曾要求受试者们回忆由10个、20个或30个单词组成的单词表。如果受试者们在刚刚看过单词后便立即开始回忆，他们对单词表末尾部分的记忆会比单词表中间部分的清晰许多，这一现象被称为近因效应。但如果回忆测试延后了哪怕仅仅15秒，而且在延迟的过程中受试者进行了某种言语行为（例如倒数数字），这一效应就不再出现了。研究者对这类发现的解读是，近因效应的发生是因为短时记忆的容量有限，当人们从短时记忆中提取最新存储进来的几个记忆项，便会发现这些内容的记忆效果最佳。

艾伦·巴德利在20世纪60年代曾进一步提出，言语短时记忆主要以声音或语音的形式来存储信息。其他学者曾观察到，短时回忆中出现的错误往往是语音上的混淆，这从侧面支持了巴德利的观点。即便记忆材料最初是通过视觉形式呈现的，这种现象依然会发生，这便意味着信息在存储的过程中被转化成了语音编码。例如，康拉德和赫尔就证明，在以视觉形式呈现给受试者之后，发音相似的字母序列（如P、D、B、V、C、T）比发音不相似的字母序列（如W、K、L、Y、R、Z）更难被准确地回忆出来。

长时记忆

持续地关注某些信息，在大脑里反复思考它或背诵它，就能将这些信息转化为长时记忆（有时又被称为**次级记忆**）。长时记忆似乎有无穷的容量。较为重要的信息（比如搬家后需要记住的新电话号码，银行密码，或者你的出生日期）都被存放在长时记忆中。记忆的长期特性将是本章讨论的重点。

短时记忆以语音形式存储信息，而学者们认为长时记忆主要是根据信息的**意义**来实现存储的。因此，如果选择一些有意义的句子给人们看，再要求他们进行回忆，他们通常并不能复述出完全一样的用词，但能够说出句子的大意或要点。正如我们在第一章中探讨巴特利特的研究时所看到的，“自上而下”人为添加的意义往往会导致记忆的扭曲和偏差，就像人们复述“鬼的战争”那则故事时所表现出的一样。我们在第四章探讨**目击者证词**

时，会再回过头来讨论长时记忆的偏差。

上文简要提到的阿特金森和希夫林所提出的记忆三阶段模型以及类似的其他模型，可以简化体现复杂的人类记忆的某些特点。然而，正是由于记忆是如此复杂，我们需要不断对这些模型进行调整，从而让它们吸纳新的观察结果。

前面提到的信息处理模型提出了两个基本假设：一、信息必须首先进入短时记忆，然后才能进入长时记忆；二、练习复诵短时记忆中的信息，不仅可以将信息留存在短时记忆中，也使它更有可能转化为长时记忆。但是，第一种假设因为一些重要临床案例的发现而受到了挑战。案例中，一些脑部受伤的患者的短时记忆能力表现出严重的损伤，也就是说，根据阿特金森和希夫林的模型，他们的短时记忆存储环节受到了严重破坏。然而，这些患者似乎在长时记忆方面并不存在障碍。阿特金森和希夫林模型的第二种假设也受到了其他研究的质疑，在一些研究中，受试者用更长的时间来背诵单词表末尾的单词，但他们对这些内容的长时记忆并未体现出任何改善。在某些情况下，研究者们发现，在多种不同场合接触相同的信息（按照合理的假设，这也就意味着更多次的重复练习）并不足以使人记住这些信息。就像我们在第一章中所说的，人们每天都会接触到硬币，但当他们回忆硬币上人物头像的细节时，他们的表现并不好。

区分长时和短时记忆的其他论据也引发了争议。比如我们之前所讨论的，自由回忆中的近因效应一直被归结为短时记忆运作的结果，因为如果在回忆前的几秒钟内要求受试者倒数数字或进行其他语音活动，这一效应便会减弱。然而，当受试者尝试记住这些单词，并将单词表上的词语进行倒数后，他们对末尾几个单词的记忆仍然比中间位置的单词更为清晰。这一类的发现并不符合阿特金森和希夫林的模型，因为按照他们的模型，短时记忆应该被倒数这一任务“填满”，从而无法观察到任何近因效应才对。语义编码（即基于语义的信息处理）在合适的情况下也会在短时记忆中显现，这说明语音编码并非短时记忆中信息表述的唯一形式。

阿特金森和希夫林的信息处理模型所存在的问题得到确认后，出现了两种主要的回应。其中一种思路是，根据短时记忆模型的已知局限对模型本身进行改善。巴德利及其同事的研究就与这种思路密切相关，同时他们还力图进一步描述短时记忆在认知过程中的作用。这一研究视角上的改变催生了巴德利开创（随后又加以修订）的“工作记忆”模型。而对阿特金森和希夫林模型的另一种回应思路关注的问题更为普遍。这种思路质疑的是为何该模型要将关注焦点放在记忆的存储及其容量的局限上，并提出应该采取另一种研究路径，重点关注记忆的信息处理过程，并研究信息处理过程对记忆成果的影响。

无论哪一种记忆模型最令人信服，许多关于记忆的理论都对短时记忆和长时记忆进行了宽泛却根本的区分。我们将会看到，支持短时与长时记忆二元区分的论证来自两方面，既有一系列针对正常健康个体而进行的实验，也有对脑部受伤、记忆存在缺陷的病人的研究。基础生物研究也提供了集中的证据，支持短时和长时记忆之间存在区别的观点。

工作记忆

进一步考察短时记忆，我们会发现短时记忆和工作记忆之间的区别往往比较模糊。短时记忆先前曾被或多或少地看作一种**被动的**过程。但现在我们知道了，人们在短时记忆中并不仅仅是寄存某些信息而已。如果我们在短时记忆中保存了一句话，我们通常能够倒背出这句话，或者背出句中每个单词的首字母。工作记忆这一术语强调的便是短时记忆的这种活跃、主动的特征，因为留存在那里的信息还经过了思维的某种处理或运作。“工作记忆”和“短时记忆”这两个术语还经常被作为“意识”的同义词来使用。这是因为我们所意识到的东西（也就是我们的头脑此时此刻所抓住的信息）都在我们的工作记忆范围之中。

广度（span）这个术语通常用来指代一个人能够在短时记忆里存储信息的容量。20世纪50年代，乔治·米勒曾将短时记忆的典型容量定义为7±2个单元，这是对健康的年轻人而言的。识记单词表的例子可以说明短时记忆的机制：我们对单词表末尾的几个词记得最清楚，因为这些单词仍然存储在我们的短时记忆中。这就像莎士比亚在《理查二世》中所写的，“像宴席最后的甜食，意味最悠远，比任何往事更能铭刻在心里边”。还有些专家认为，短时记忆的广度与语音速度有关，一个人能够越快地一口气说出单词、字母或数字来，他的短时记忆的广度就越大。

现在已有充分的证据表明，工作记忆并不是单一的实体，而是由至少三个部分组成的（见图6）。巴德利在他影响甚广的工作记忆模型中对这些组成部分加以形式化，将其定义为**中央执行系统**和两个附属子系统——**语音回路**和**视空画板**（visuo-spatial sketchpad）。后来，巴德利在修订后的工作记忆模型中又增加了情景缓冲区这一概念。对于这些组成部分的功能角色，巴德利提出：1）由中央执行系统控制注意力，并协调附属的子系统；2）语音回路包括了语音存储和发音控制过程，也使内部言语能够进行；3）视空画板负责建立和处理心理图像；4）情景缓冲区（图6中未标注）用于整合处理工作记忆中的材料。

语音回路

有大量研究针对**语音**（或者说**发音**）回路而展开。研究者普遍认为，语音回路对于儿童的语言发展、对成人理解复杂的语言材料都起着重要的作用。许多实验证明，人们在记忆广度方面的表现通常在很大程度上取决于发音编码的使用，比如你能正确复述的单词个数取决于单词的复杂程度。这一类的发现证实了语音回路的存在。在实验中，研究者采取一种叫作“发音抑制”的技术，让受试者大声重复或者默诵一个简单的声音或单词，比如“啦啦啦”或是“这这这”，这样可以暂时阻止语音回路吸纳新的信息。对比使用或不使用发音抑制手段的情况下受试者的表现，就可以看出语音回路的作用。

语音回路的容量有限。那么到底是记忆项目个数的限量还是时间限量能更好地描述语音回路的容量呢？研究表明，一个人

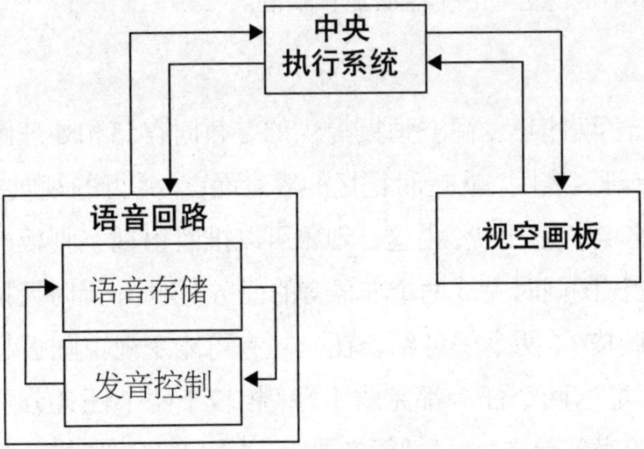

图6　1974年，巴德利和格雷厄姆·希契提出了工作记忆的模型，将短时记忆细分为三个基本组成部分：中央执行系统、语音回路和视空画板

的**记忆广度**（即他在听完后能够正确复述的单词个数）是由他说出这些单词所需要的时间来体现的。在短时记忆测试中，“cold（感冒）、cat（猫）、France（法国）、Kansas（堪萨斯州）、iron（铁）”这样的短单词列表，要比“emphysema（肺气肿）、rhinoceros（犀牛）、Mozambique（莫桑比克）、Connecticut（康涅狄格州）、magnesium（镁）”这样的长单词列表容易记忆得多，尽管这两个列表拥有同样的单词数量，并选自相同的语义范畴（分别为：疾病、动物、国家名、美国州名和金属名）——这就是**词长效应**。但是，如果受试者在学习这些单词时进行了发音抑制，那么词长效应便会消失。另一个有关词长效应的例子是，在不同的语言中从1数到10需要用的时间不同：对于使用不同语言的人，其数字记忆的广度与他们用各自语言的发音读出数字的速度紧密相关。这些发现以及其他相关研究表明，语音回路的时间（而不是记忆项目）容量是有限的。

视空画板

与语音回路相反，视空画板提供的是暂时存储和处理图像的媒介。有研究表明，就短时记忆的容量而言，并行的视觉、空间记忆任务会相互干扰，由这一现象可以推断出视空画板的存在。如果你试图同时完成两个非语言的任务（例如，同时轻拍头顶和按摩肚皮），两个任务结合在一起有可能令视空画板超负荷运转，于是这两个任务都完成不好（相较于两个任务分别单独执行时的表现而言）。科学研究显示，人们下国际象棋的时候会用到视空画板，这表明短时空间记忆在处理棋盘布局的任务中发挥着作用。

中央执行系统

迄今为止，巴德利的工作记忆模型中描述得最不清晰的部分就是“中央执行系统”了，它的作用被认为是协调工作记忆所需要的注意力和运转策略。如果语音回路和视空画板在同时运转，例如，当你试图记住一组单词并同时进行一项空间运动（正如我们在一些实验中要求受试者去做的那样），这时候中央执行系统便可能用于协调这两者的认知资源。在对中央执行系统进行研究时，巴德利和他的同事们就采用了这样的双项任务法：受试者所做的第一项任务旨在让他们的中央执行系统保持在忙碌状态，而研究者则对第二项任务的执行情况进行衡量，从而判断中央执行系统是否也参与了第二项任务。如果第二项任务的完成情况由于与第一项任务同时进行而变差了，则可以推断出中央执行系统也参与了第二项任务。为了让受试者的中央执行系统保持在忙碌状态，研究者设计出多种任务，“生成随机字母序列”便是其中一种。受试者被要求编写出许多字母序列，但需要避免实际生活中具有意义的字母序列，例如“C—A—T”、“A—B—C”或者“S—U—V”。受试者在编写字母序列的同时不断留意着字母的选择，这使得中央执行系统保持忙碌状态。实验表明，专业国际象棋棋手对实际比赛中棋子位置的记忆表现会受到这种字母生成任务的干扰，但却不会受到上文提到的发音抑制手段的影响。这说明，记忆棋子位置的任务会使用到中央执行系统，但并未使用语音回路。从临床角度来说，如果中央执行系统的运行出现中断，其后果从“执行缺陷综合征”（这与大脑额叶的损伤有关，参见第五章和第六章）中的无组织、无计划行为中可见一斑。

情景缓冲区

在最新版本的工作记忆模型中，巴德利提出了“情景缓冲区”这一功能组件。根据巴德利修订后的模型，从长时记忆中提取的信息通常需要与当前的需求相结合，而这些需求是由工作记忆来实现的。巴德利在2001年的论文中将这一认知功能归结为情景缓冲区的作用。巴德利举了一个例子：我们有能力想象一头大象玩冰球的样子。他提出，我们有能力超越长时记忆所提供给我们的关于大象和冰球的信息，进一步去想象这头大象是粉色的，想象大象握住球棒的样子，甚至想象它可能在球场上打什么位置。因此，情景缓冲区能让我们超越长时记忆中所存储的现有信息，用新的方式将信息组合起来，从而用这些信息去创造新鲜的情境，并基于这些新情境采取未来的行动。

记忆的隐喻

工作记忆可以被比作你的台式电脑的内存容量。当前运行的操作占用了内存，也就是电脑的“工作记忆”。而电脑的硬盘就好像长时记忆，你可以把信息放到硬盘上无限期地存储，即便你晚上将电脑关机，信息仍然存在那儿。关机类似人的睡眠。经过一夜的良好睡眠，第二天早晨醒来，我们仍然可以访问存储在长时记忆中的信息（比如我们的姓名、出生年月、我们有多少兄弟姐妹，以及在过去某个特别多彩的日子里所发生的事情）。但是，当我们早上醒来，通常想不起入睡前的工作记忆中的最后一些想法，因为这些信息通常不会在我们睡着前转移到长时记忆中。如果我们恰恰在进入梦乡前的几分钟内想到一个很棒的主意，可能就比较让人沮丧了。还有一个与此相关的类比：给一家先前从未去过的餐厅打个一次性的电话，这时使用的是短时记忆；与此不同的是，有时我们会创建新的长时记忆，比如当我们搬了新家，就需要创建对新家的电话号码的记忆。

关于电脑磁盘驱动器的比喻也有助于我们理解记忆的编码、存储和提取之间的区分。想一想互联网上存在的海量数据。这可以被想象成一个巨大的长时记忆系统。但是，如果没有搜索和提取互联网信息的有效工具，那些信息就是根本无用的：虽然理论上这些信息是可用的，但当你需要它们时，是否真的可以获取这些信息？这就是为什么当谷歌和雅虎这样的高效搜索工具出现，它们为近年来互联网的使用带来了巨大转变。

说完了工作记忆以及学者们所提出的工作记忆流程组件，我们现在来探讨长时记忆的不同功能要素。研究者提出这些不同的要素是为了有效阐述相关研究的结果，而这些文献是在对健康个体以及大脑受到不同损伤的个体进行评估后得到的——这两类来源都为人类记忆的组成情况提供了宝贵的信息。

语义、情景和程序记忆

心理学家提出的一种可能比较有用的区分是关于情景记忆和语义记忆的，这一区分在第一章中已经提及，它们代表着两种不同的可以有意识取用的长时记忆。具体来说，图尔文曾提出，情景记忆涉及对具体事件的记忆，而语义记忆从本质上来说关系到对世界的一般认识。情景记忆包括对**时间**、**地点**以及事件发生时的**内心情绪**的回忆。（**自传式记忆**，即对个体过往经历的记忆，代表了情景记忆的一个分支，近年来受到了大量关注。）

简单来说，情景记忆可被定义为你对自己经历过的事件的记忆。这些记忆自然往往包括你经历这些事件时的相关具体情形。回想你上周末做了什么，或者记起你参加驾驶考试的过程中发生的事情，这都是情景记忆的例子。

情景记忆和语义记忆既存在着差异，又彼此相互作用。语义记忆是对**事实**和**概念**的记忆，它可以被定义为与接收信息时的具体情形无关的知识。事实上，我们常常无意识地将情景记忆和语义记忆结合混用。例如，当我们试着回忆自己婚礼当天发生的事情，我们对那一天的记忆很有可能既包括对婚礼的期待心情，也包括对**典型**婚礼流程的语义记忆。

以下的例子可以说明什么是语义记忆：

法国的首都是哪个城市？

一周有多少天？

现任的英国首相是谁？

告诉我一种会飞的哺乳动物。

水的化学式是什么？

如果你从伦敦飞往约翰内斯堡，你在往哪个方向行进？

这些问题的难度不等，但它们都需要发掘我们所积累的关于世界的大量一般性知识。我们在一生中逐渐积累着这些知识，往往把它们看成是理所当然的而不再留意。相反，如果我问你昨天早餐吃了什么，或者你上一次生日那天发生了什么，你的回答就有赖于情景记忆，因为我问的是发生在你生活中的具体事件或情景。你对于今天早上吃早餐的记忆会是情景记忆，涉及你什么时候、在哪里吃的早餐，以及吃了什么；但是，记住“早餐”这个词的意思，这就涉及语义记忆。所以，你当然能够确切地描述“早餐”一词是什么意思，但你很可能已经想不起来自己是什么时候、如何学会了这个概念的，除非你最近刚刚学会了

“早餐”这个概念。当然，你一定早在童年时就学会了“早餐”这个概念，但总有一些其他的概念是你最近刚刚习得的。情景记忆是如何随着时间流逝“转化”成为语义记忆的，这一课题至今仍然在引发大量的研究兴趣和猜想。试想，你是在某一具体情景下第一次得知珠穆朗玛峰是世界最高峰的，然后渐渐地，你又反复接触过几次这个信息，经过一段时间后，这一信息转化成了一条语义信息。

语义记忆和情景记忆是否真的各自代表着独立的记忆体系，这点仍然不能确定，但区分这两者有助于有效地描述不同的临床记忆障碍，有的记忆障碍影响前者多些，有的则影响后者多些。研究者已经发现，某些脑部障碍更可能影响语义记忆，例如“语义性痴呆”。相反，恩德尔·图尔文提出，所谓的“遗忘综合征”以情景记忆的选择性损伤为特征，而与语义记忆无关（见第五章）。

学界似乎已经达成普遍共识，在有意识的记忆之外还存在着第三种长时记忆——**程序记忆**（例如记住骑自行车需要执行的一系列必要的身体操作步骤）。同样地，似乎也有一些脑部障碍更容易影响程序记忆，例如帕金森病。也有一些理论提出，程序记忆不应当被看作一种同质的记忆体系，它其实是由几种不同的子系统所组成的。

外显和内隐记忆

研究者们对不同类型的记忆所作的另一个常见区分是关于外显和内隐记忆的。这一思路与上文所讨论的情景、语义及程序记忆框架有一些共同点。外显记忆指的是在回忆的时刻能够清楚意识到自己所回想的信息、经历或情形是什么。有的研究者也将这种记忆体验称作“回想记忆”。外显记忆与之前所讨论的情景记忆有许多可类比之处。

与外显记忆相反，内隐记忆是指先前的经历对后来的行为、感受或想法造成了影响，但我们并未有意识地回想起先前那些经历。比如，一天早晨你在上班路上经过了一家中餐厅，到了那一天的晚些时候你可能会想出去吃顿中餐，却没有意识到这一意向是受到了早晨经历的影响。

一些针对“启动效应”（priming effect）而开展的研究可以说明内隐和外显记忆之间的区别。不少研究启动效应的实验运用了一种叫作“限时残词填空”的任务（例如：e_e_h_n_；翻到46页去看看你是否正确地将这个词填写完整了），对健康的个体而言，最近遇到过的单词总是能比新的单词填得更快、更有把握。神奇的是，即使人们并不能有意识地想起看过的单词，而只是使用他们的内隐记忆，他们同样能更好地完成填空任务。另一个区分内隐和外显记忆的补充论证来自对**失忆症**患者的研究。对这些病人来说，患失忆症意味着他们不能有意识地认出先前呈现给他们的词语或图片，但是，同健康的个体一样，他们同样能够更轻松地填出先前看到过的词语。这些研究提示出两种记忆过程在功能结构方面的根本不同，差异便在于是否牵涉到对先前事件的有意识回想。

进一步的证据支持了这一观点。例如，在20世纪80年代，拉里·雅各比进行了一项研究，其中包括两方面的测试：“再认”（有意识地回想起学习过的信息）和“无意识回忆”（这是对知觉辨认任务的测试，例如辨认出先前曾迅速闪现的词语）。雅各比还操控了实验中目标单词的呈现方式。每个目标词将通过以下三种方式中的某一种来呈现：1）没有上下文语境，单独出现

（例如，单独显示“女孩”一词）；2）同时显示目标词的反义词作为上下文语境（例如，同时显示“男孩”和“女孩”）；3）受试者根据所显示的单词说出其反义词（例如，显示“男孩”，由受试者说出“女孩”）。

随后进行的外显记忆测试中，研究者将目标词和新的单词混合呈现给受试者，要求他们辨别哪些词语是他们之前接触过的（“接触过”的单词包括看到过的以及受试者自己说出的词，像上一段中所描述的那样）。而在内隐记忆测试中，目标词和一些新词一起被呈现给受试者，一次呈现一个词，每个词只出现很短的时间，受试者被要求辨别是否接触过这些词。

实验的结果如下：就外显再认而言，没有上下文的情况下成绩较差，受试者参与说出词汇的情况下成绩较好；有趣的是，在内隐知觉辨认的任务中，情形恰恰相反！两组测试的结果相反，这便意味着相应的内在过程（即内隐记忆和外显记忆）是十分不同的，可能涉及相互独立的不同记忆机制。

上文描述的实验是一个很好的例子，它说明设计精巧的实验可以帮助我们确立不同心理过程之间的关键区别，而仅仅依靠反思内省是无法做到这一点的。相关领域内另一个精密、系统的研究范例是安德雷德等人对全身麻醉的人进行的研究。结果表明，尽管被麻醉的人当时并没有意识，对于麻醉过程中呈现给他们的材料，他们依然会在后来体现出内隐记忆。有了这样的实验结果，看来很有必要建议全麻手术的医务人员特别留意自己的言论，不要随便议论麻醉中的病人。除此之外还有一些研究表明，商业广告可能主要是通过影响内隐记忆来实现目的的。实验显示，相对于从未看到过的广告，人们会觉得之前看过的广告更吸引人，这种现象被称为“曝光效应”。

不同类型的记忆任务

内隐和外显记忆的二元区分，体现了学者们所提出的两种记忆系统的不同（可参看福斯特和耶利契齐于1999年发表的论文，其中有对这一课题的更专业、全面的概述）。两种记忆系统的区别常常体现为它们负责不同类型的**记忆任务**，同时，这种区别也很可能与记忆任务间的区别混淆起来。不同的记忆任务，可能会程度不等地涉及不同的功能过程。有些记忆任务需要人们思考意义和概念，这些通常被称为**由概念驱动的记忆任务**。比如，如果你仔细看过一组词语之后被要求记住它们，你会明确地回想这些词语本身。与此同时，你也可能自发地想起这些词语的意思，这便是由概念驱动的任务。还有一类任务要求人们专注于记忆材料本身，这通常被称为**由材料驱动的记忆任务**。如果你的任务是要补全残词（例如e_e_h_n_），并且不能查看先前看过的词语，那么，先前的学习过程的影响可能更多地是内隐而非外显的。你填写单词的时候主要依靠的是字母的视觉排列，而较少（甚至完全没有）使用词语的意义，这便是由材料驱动的任务。

分别依赖外显和内隐记忆的这两类任务，有时也被分别称为**直接**和**间接**的记忆任务。要区分不同记忆任务的种类（概念驱动相对于材料驱动、直接任务相对于间接任务），以及被测试的记忆组成部分的类型（外显或内隐），都是非常具有挑战性的。事实上，许多研究者都认为没有哪个记忆任务是真正“纯粹”地属于某一记忆过程的，每个记忆任务都会经由内隐和外显过程的综合协作而完成，记忆任务之间真正的不同在于这两种记忆过程在其中所占的不同比例。

记忆的体验

与外显和内隐记忆之间的区别相关的，是执行某种记忆任务时的记忆体验类型。有学者提出，一个人是“记得”某事还是“知道”某事，两者之间存在着确切的区别。在实验中，“记得”被定义为受试者拥有这样的现象体验：他们的确在先前的记忆测试中看到过那些特定单词。相反，某人也许只是“知道”某个词语在先前的词语表中，却没有具体回想起那个词。这种“记得”和“知道”的区分是由恩德尔·图尔文首次提出的。在他的研究中，图尔文要求受试者对每个答案进行如下判断：1）是否记得自己曾经看到过该词语；2）是否只知道该词语曾出现过，却想不起当时的具体情形。加德纳、加瓦及其同事由此展开了一系列研究，在许多不同的实验条件下对“记得”还是“知道”进行判断、区分。

其间的差异若要以客观语言进行描述，恐怕有些困难。不过，一些实验操作已被证明能对“记得”或是“知道”产生不同的影响。例如，研究表明，语义处理（这一过程更强调词语的意思）会比语音处理（这一过程的重点在于词语的发音）引起更多的“记得”反应。但是，就“知道”反应而言，语义处理和语音处理所得到的结果并没有多少差别。

记忆处理的层次

关于记忆（尤其是长时记忆）有一个很有影响的补充性理论框架，这便是记忆的处理层次框架。与记忆的结构模型不同，这一框架强调的是记忆的加工处理过程的重要性，而不是记忆的结构和容量。处理层次框架的思路是由弗格斯·克雷克与鲍勃·洛克哈特在实验心理学文献中首次阐述的。有趣的是，在某种意义上，小说家马塞尔·普鲁斯特早已总结出了这一理论的主要原则，他曾写道：“那些我们不曾深入思考的东西，很快就会被忘却。”克雷克和洛克哈特提出，记忆的质量取决于我们在记忆编码的那一刻信息处理的质量。他们描述了不同的**处理层次**，“表面”层次仅仅处理记忆材料的物理特性，“较深”的层次涉及记忆材料的语音特性，而再深一些的层次则涉及对材料的意义进行语义编码。

随后的许多正式实验都表明，就测试中的记忆表现而言，“深层次”的信息编码处理要优于“表面层次”的处理。此外，通过语义处理对材料作进一步阐释，可增进学习效果。这是什么意思呢？举个例子，假设你被要求学习一组词语，并且需要1）给出列表上每个词语的解释，或者2）说出每个词语令你产生什么样的联想。这两种情况都要求你对这组词语进行语义处理。你在情形1）或情形2）下通常都能更好地记住这组单词。而如果你被要求完成一个较“浅”的、和语义无关的任务，例如3）给列表上的每个词写出一个押韵的词语，或者4）给每个词语中的每个字母标注上它在字母表中的排位序数，那么你的记忆表现则会较差。

换言之，如果我们看见了单词“DOG”，我们可能仅对其进行表面的处理，留意到这个单词是大写的。另一方面，我们也可能在语音层面进行处理，想起它与“frog”和“log”押韵。又或者，我们也可能想到这一单词的意思：“dog”指的是家养的、长毛的动物，有时被称为“人类最好的朋友”。更深入的语义处理则涉及基于词义的进一步发挥，体现了更深层次的加工，也通常会带来更深刻的记忆（例如，我们可能会想到不同种类的狗、它们的起源地、它们最初承担什么功能、特定品种的狗的特征等等）。

克雷克和图尔文的记忆测量实验表明，同一个词语被正确辨认出来的几率从20%到70%不等，取决于之前记忆编码时处理深度的不同——这的确说明关于记忆处理层次的思路很有用。当最初的记忆处理仅仅涉及单词是大写还是小写时，正确辨认的几率仅有20%。进行押韵练习（即语音处理）之后，辨认的正确率得到提升。而当记忆处理的步骤涉及判断单词填入句子后是否读得通，随后的记忆表现又提升了很多，几乎达到70%的正确识别率。

有大量的数据支持这一记忆处理层次模型，不过，最初的模型细节却遭到了批评。反对意见的主要理由是，这一思路在逻辑上是循环论证的。如果我们观察到某种编码处理带来了较好的记忆结果，那么根据记忆的处理层次模型，我们可以认为这种好的结果是由“更深”的认知处理模式导致的。如果相反，另一种编码处理随后带来了较差的记忆结果，那么根据记忆的处理层次模型，这肯定是由于编码过程中较为“肤浅”的处理。问题就在于，记忆的处理层次模型由此变成了一种自我循环、不可验证的理论。关键是如何设计出一套独立于后续记忆表现的标准，去客观衡量记忆处理的“深”与“浅”。

因此有人认为，我们无法脱离后续的记忆表现去确立一个关于记忆处理层次深度的客观标准。不过，最近弗格斯·克雷克提出，生理学和神经科学的方法也许可以提供独立衡量记忆处理深度的方法。尽管记忆的处理层次模型存在着是否可验证的问题，但重要的是，这种有关记忆处理层次的思路引发了对记忆的功能特性的关注，相关课题包括：信息编码过程对材料进行的不同处理；编码过程中对材料的进一步阐释；编码时记忆处理的恰当与否（即信息是否“转移”到了后续任务中，我们将在第三章中进一步讨论这一点）。与巴特利特所提出的记忆框架

（见第一章）类似，记忆处理的层次理论强调我们是记忆过程中**活跃的主体**，我们所记住的内容既取决于事物或事件本身的特性，也取决于我们在遇到这些事物或事件时自身所进行的加工处理。

第40页残词补全练习的答案

elephant （大象）

第三章

出其不意，使出绝招

如果你想测测你的记忆力，回想一下一年前的今天你在担心什么事吧。

——佚名

这一章将探讨如何访问记忆中的信息。我们会谈到信息可及（accessibility）和信息可用（availability）之间的主要区别，这在第二章中已经提及。我会特别强调，日常生活中和记忆有关的难题通常都和以下情形有关：我们已经接收并保留了信息，但在想要提取信息的时候却出现了问题。此时，信息语境的作用尤为重要。当其他因素都相同时，如果我们获取信息时所处的物理环境和情绪状态与我们最初接触信息时的情形相似，我们往往便能更好地想起这些信息。我们也会在本章里进一步探讨“话到嘴边说不出来”这一现象。例如，在聚会中，我们尝试回忆某人或某个地方的名字，有可能知道名字的第一个字，或者知道名字的大致发音，却无法提取关于该名字本身的信息。

通过行为推断记忆

我们在第二章中已看到，有许多行为能暗示出对过去事件的记忆已被唤起。假设一段时间之前你听到了一首新歌。之后，你或许能回忆起那首歌的歌词，或许再听到这首歌时你能辨别出它的歌词。又或者，当你再次听到那首歌，你可能觉得歌词很熟悉，但没有确切地辨别出来。此外，那首歌中的信息也可能会潜移默化地影响你的行为和精神状态，尽管你并未有意识地回忆、辨认出这首歌，甚至也不觉得这首歌很耳熟。

每天我们都会接触大量的信息，但我们仅仅记住了其中的一部分。信息先由我们的感官加以处理，接着被编码和存储，然后我们还必须能有效地读取这些信息，就像我们在第一章中探讨记忆的基本逻辑组件时看到的那样。我们能记住哪些事件，这似乎取决于这些事件在功能上的重要性。例如，在我们的进化历程中，人类记住了与威胁（例如可能出现的捕食者）或奖赏（例如发现潜在的食物来源）相关的信息才得以存活下来。

我们能提取到什么内容，这很大程度上取决于信息最初被编码和分类时的语境，以及提取环境在多大程度上与这一语境相吻合：这就是所谓的**编码特定性原则**。比如说，我们中有许多人都曾在不寻常的环境下遇到朋友或熟人，却一下子没能认出他们，从而感到有些尴尬。如果我们习惯于看到工作场所或学校里的熟人穿着特定的衣服，那么当我们看见他们在婚礼上或者在高级餐厅里穿着很不一样的服装时，就有可能一下子认不出他们。我们将会在下文中进一步思考编码特定性原则，不过现在我们先来探讨一下评估记忆的几种主要办法。

提取：回忆与再认

回忆（recall）信息指的是脑海中回想起该信息。通常会有一些**提示线索**触发或促成回忆，例如，考试题目中通常包含一些内容提示，引导我们回想与出题者目的相关的信息。日常生活中听到的问题，例如“你周五晚上做了什么”，也会带有时间线索。这样的线索非常笼统，并没有提供很多信息，基于这类不明确的提示而进行的回忆一般称为**自由回忆**。而有些提示可能包含更多的信息，并引导我们去回想具体的事件或信息，例如，“周五晚上你看完电影后去哪了”这样的问题就与前一个问题不同，它给我们提供了更多信息，试图获得某些具体资料。当提示的指向性更强时，相应的回忆过程便被称为**线索回忆**。

再看一些其他例子。在实验环境下研究记忆的提取时，研究者会在所谓的学习阶段里给受试者呈现一些信息，比如某个故事。之后，我们会要求他们回忆故事中的某些部分。自由回忆是指在没有协助的情况下，受试者被要求尽其所能，尽可能多地回忆出故事的内容。第二章中曾提到的“话到嘴边说不出来”现象便体现了自由回忆时经常出现的一个问题：对于我们尝试提取的信息，我们也只能访问其中一部分内容。与自由回忆不同的是，线索回忆是在有提示（例如，事物所属的类别，或者单词的首字母）的情况下去提取某条具体信息。例如，我们可能会对受试者说：“请说出昨天我给你读的故事里所有以J打头的人名。”线索回忆对于受试者而言要比自由回忆更容易，这或许是因为我们给他们提供了更多支持，给出了上下文语境，也就是说，当我们给出线索，实际上就是帮他们完成了一部分“记忆工作”。需要注意的是，提示有助于提取信息，但同时也可能引起曲解和偏见，我们在第四章中考察目击者证词时会更详细地探讨这一点。

当信息再次呈现于眼前，我们能够辨认出过去事件或信息的能力被称为**再认**（recognition）。例如，考试中的判断题和选择题考察的便是学生正确地再认信息的能力。在现实生活中，

"你看完电影后有没有去吃饭"这一类的问题提供了某些事件或信息，当事人需要判断这些信息是否符合他的经历，这也属于再认。再认是不同的提取类型中最简单的一种，因为需要提取的记忆材料实际上已经部分地呈现出来，你作为回应者只需要做出判断即可。"迫选再认"指的是在你面前呈现两个选项，比如两样东西，其中只有一样你之前见到过，然后别人要求你说出其中哪一件是你曾经见过的。这是一个被迫的选择，你必须从两者中选一个。与此类似的还有"是/否再认"，比如，我给你看一些物品，每次呈现一个，并问你："你之前见过这个吗？"在这种情形下，针对每个物品，你只需要简单地回答"是"或"否"。

系统的实验已经表明，以下两个相互独立的过程均有助于实现再认。

情境提取

情境提取取决于对时间和地点的"外显回忆"。例如，你认出了一个人，你曾在上周五下班回家乘坐的公交车上见到过此人。在这一类的再认经验中，你需要记起先前经历的时间和地点。

熟悉

你可能会觉得某人有些面熟，你知道你们曾经见过，但不太想得起是什么时候在什么地方见过：你对此人感到了熟悉（familiarity）。这一类再现经验的产生似乎是由于某种"熟悉化加工"程序起了作用，而先前的相遇并没有给你留下外显记忆。因此，这是一种不涉及太多细节的再认，与第二章中我们讨论过的"知道"而非"记得"的反应类型非常相似。即便无法记得（即回忆或再认）具体的往事，熟悉化的效果也可能体现出来。

图7　也许你可以立刻想起这个人是谁，也许你需要一些提示（比如“歌手”或“艺人”）。如果你想不起这个人的名字，你或许能认出她的名字：是雪儿还是麦当娜呢？对于回答者而言，线索回忆通常比自由回忆更容易一些，而再认一般比自由回忆和线索回忆都要更容易

你或许有过多次这样的经历：遇到某个人，虽然没法确切辨认出他们是谁，但感觉他们看上去很眼熟。的确，广告获得成功的基本原理之一就在于，它让某些产品在大众眼中变得更为熟悉，而人们对于熟悉事物的喜好要甚于不熟悉的事物（参见第二章提到的曝光效应）。正如老话所说的，不管正面负面，只要有名

就好。

我们许多人还经历过一种奇怪的现象，这种现象主要源于一种错位的熟悉感：我们觉得某个情境“似曾相识”。人们感觉某个情境是自己之前经历过的，却不能确切地想起之前的事情，也无法找到任何证据能证明这件事确实发生过。在“似曾相识”这一情形中，熟悉化机制可能是错误地运行了起来，于是新的事物或场景也触发了某种熟悉感。此外，一些研究者提出，催眠也可以引发似曾相识的感觉。那么，引发似曾相识感的大脑机制可能与我们完全清醒时的运行机制有所不同。

语境对回忆与再认的影响

回忆比较容易受到环境的影响，但再认通常不那么容易受影响。这一点已经在实验中得到了证实，例如，研究者要求潜水员在水下或是陆地上记住一些信息，然后在相同的地点或不同的地点测试他们的记忆。

在两个著名的实验中，戈登和巴德利要求潜水员在岸边或水下记住一些信息。随后，潜水员分别在相同环境下和不同环境下接受了测试。结果表明，就潜水员的回忆而言，信息编码和记忆测试的环境是否相同会对结果造成很大影响。如果潜水员们记住信息和接受测试时都在水下或者都在陆地上，他们就能记住更多的信息。但如果他们记住信息时的环境和接受测试时的环境不同——前者在水下，后者在陆地上，或者前者在陆地上，后者在水下——潜水员的记忆表现则显著下降。简单来说，当潜水员需要在不同的地点提取信息时，回忆就会遇到问题，但如果他们学习信息和回想信息时的地点一致，就不会有问题。不过，这种规律仅仅对回忆而言比较明显，对再认而言并不明显。由此可以看出，在测试记忆的时候提供与当初学习时相似的语境，这对有效的回忆十分有帮助，但对再认的影响不大。

有趣的是，回忆的表现也受到个体身心状态的影响。如果某人在尝试记住信息时非常平静，但在测试中处于非常紧张或兴奋的状态，那么他们的回忆表现就会变差。但如果他们识记信息时很平静，而记忆测试也在平静状态下进行，或者他们识记信息时较兴奋，测试时也同样较兴奋，那么他们的回忆表现通常就会更好。这一点对复习迎考的学生而言十分重要：如果你考前复习时非常冷静，但实际考试时却非常紧张或兴奋，那么，与那些复习和考试时情绪都相对稳定的同学相比，你在考试中可能就无法很好地回忆起学过的知识。所以，在这样的情况下建议你采用放松疗法，尽量保证自己在考试时的身心状态和复习时的状态相近。

酒精、药剂和毒品能影响人的心理状态，所以它们也会影响人的记忆表现。喜剧演员比利·康诺利在2006年接受澳大利亚电视台采访时，曾用自己的语言很好地概括了这一点：

> 哦，我现在又能记得我在哪儿了。哦，对，我记得我做了这个，我记得我做了那个，接下来眼前又一片漆黑，什么都记不住了。所以为了能记起事来，你就不得不再次喝醉，于是你就有了两套记忆。你有一套清醒的记忆，还有一套醉醺醺的记忆，因为你已经变成了两个人……
>
> ［摘自澳大利亚广播公司《让他们疯》（*Enough Rope*）节目访谈］

于是我们看到了**由身心状态决定的**记忆（和遗忘）效应，以及**由物理情境决定的**记忆效应。记忆对状态的依赖似乎在很多不同的情形下都会发生，但研究者通过系统的实验一致发现，只在以自由回忆的方式测试记忆时，才会体现出记忆对状态的依赖。如果实验测试的是线索回忆或再认，状态和情境变化所产生的影响并不稳定一致。

我们很难回忆起梦境中的内容，原因之一可能就是这种与状态相关联的遗忘效应，虽然这一点很难用科学手段进行研究。而如果我们正在做梦时被唤醒了，我们通常能够较容易地回忆起梦中的一些内容，这可能是因为至少有一些内容还留存在工作记忆之中。

有几个因素可以解释自由回忆对于状态的依赖。比如，各种精神活跃状态可能会导致不寻常的编码或提取方式，这些方式与我们在正常状态下所采取的方式不相容。举例来说，吸食大麻会令人们对记忆刺激物产生不寻常的联想，这对自由回忆过程的影响是很大的，因为受试者需要生成相应的情境线索来帮助自己回想。但在线索回忆和再认过程中，记忆材料中的一部分信息已经提供给受试者了，编码和提取操作之间不匹配的可能性便大大降低，这是因为学习过程中的一些信息已经在记忆测试过程中再次出现了，它们是恒定的。

另外，正如我们之前所看到的，再认通常包含较强的"熟悉化"因素，这一因素与语境无关，因而不太会受到语境变化的影响。当然，身心状态和物理情境的变化也会影响到我们之前所说的再认中的"外显回忆"部分，这类似于状态和情境变化对回忆过程的影响。

记忆的无意识影响

即便没有回忆、再认或感到熟悉这样的过程，我们也能从其他途径观察到记忆的存在。正如我们在第二章中提到的，如果我们之前曾接触过某信息，当我们再次接触这一相同信息，即便没有任何明显的记忆迹象，我们的表现也会因为先前有过接触而有所不同。这种无意识的记忆效应可能会产生一些问题，例如，曾有正式的研究考察了人们是否会相信类似于“世界上最高的雕像在中国西藏”这样的陈述，即便这些陈述并不正确。研究显示，如果人们曾在之前的记忆实验中看过这些陈述，他们便更有可能相信这些话，即便他们并不能以任何方式回想起这些陈述。在社会环境下，许多行为干预手段的背后恐怕就有这种对记忆的无意识影响，比如政治宣传便是如此。

正如我们在第二章中看到的，启动效应描述了过去事件对我们行为所产生的一种影响，这种影响通常是无意识的。比较某事件发生后出现的行为和事件没发生前的行为，可以测量启动效应。在上文关于西藏雕像的例子中，人们相信这一陈述可能是由于之前看过这样的陈述，从而引发了启动效应。如果实验对两组人进行考察，其中一组人之前看到过某个陈述，而另一组人没有看过这一陈述，只要比较他们对这一陈述的相信程度，便可以评估之前看过这一陈述所带来的启动效应。以下是另一个关于启动效应的例子：考虑一下“_i_c_o_e”这个残缺的单词。研究者会考察人们需要多长时间才能把它填补成一个真正的英文单词（比如说“disclose”），并对以下两组人所使用的时间长度进行比较：一组是最近碰到过这个单词或这个概念的人，另一组是最近没有碰到过这个单词或概念的人。即便是最近看到过

"disclose"一词却想不起来自己看过这个词的人，通常也会比没有这一经历的人更快地将残词填充完整。(正如我们在第二章中提到的，甚至失忆症患者也可以顺利完成此类任务。)两种人所需要的反应时间不同，这便是启动效应的结果，这也证明了第一组人对之前的经历保留着记忆。

是不同的类别，还是连续的统一体？

我们可以将记忆的不同表现方式视作一个连续统一体：自由回忆……线索回忆……再认……熟悉感……对行为的无意识影响。这一思路暗示出，记忆的这些不同表现形式之间的差别，是由于记忆的强度不同，或者说，信息可用性的不同。按照这样的理论，如果记忆很鲜明，我们就有能力进行自由回忆以及所有其他的记忆方式。但随着记忆减弱，或者说信息可用性降低，自由回忆可能就无法进行了。这时候，记忆仍然可以由其他的形式(再认、熟悉感、无意识影响)体现出来，比起自由回忆，这些其他形式所对应的记忆强度较低，或者说信息可用性较差。

这一思路简单清晰，所以相当吸引人。但是，把记忆看作连续统一体，这一思路也有其潜在的问题。例如，能回忆出信息并不意味着一定能正确地再认信息。而且，有些因素会对再认和回忆的表现产生相反的影响，例如词频因素。像"桌子"这样的高频词，会比"锚"这样的低频词更容易被回忆出来，但是低频词却更容易被再认。此外，刻意获取的信息通常比偶然获得的信息更容易被回忆起来，但是无意间获得的信息有时却更容易被再认。此中关键在于，当记忆编码过程受到直接影响，特定记忆参数下得到的记忆结果就会变得不同，有时甚至是出人意料的。

相关的研究和测试

正如我们在本章中已经看到的，我们能提取出什么内容，很大程度上取决于信息最初被编码或分类时的语境，以及提取时的语境在多大程度上与之吻合。我们看到，图尔文提出了编码特定性原理，强调了学习信息（编码）时的情形与测试记忆（提取）时的情形之间的关联。在任何一种编码条件下，编码都是具有选择性的；也就是说，哪些信息被编码，这取决于我们在学习这些信息时的需求。根据图尔文的理论，事后能回忆起什么信息，这取决于信息获取环境和记忆测试环境之间的相似程度。我们还考察了另一个能说明这一点的例子，那就是戈登和巴德利在岸边和水下对潜水员进行的记忆测试。

巴克利及其同事展开了更为深入的实验，从而更具体地说明了编码特定性。研究者要求受试者仔细阅读一些句子，句中包含了一些关键词。例如，关键词“钢琴”是通过以下两句话中的某一句呈现给某位受试者的：“那人把**钢琴**调好了。”“那人把**钢琴**抬了起来。”受试者在进行回忆时会得到一些提示，这些提示可能与指定对象（钢琴）的某些特点相关，也可能不相关。在测试中，如果读过“调钢琴”那句话的受试者得到的提示是“悦耳的东西”，他们就能够回想起“钢琴”这个关键词。相反，如果读过“抬钢琴”那句话的受试者得到的提示是“悦耳的东西”，他们就不大回忆得出“钢琴”一词：根据编码特定性原则，这是因为当他们获取信息时，钢琴悦耳的特点并未受到强调。反过来，对于读过“抬钢琴”那句话的受试者，“重的东西”这样的提示会比“悦耳的东西”更有帮助。

这一实验说明了编码特定性的两个重要方面：

1. 原始信息中，只有那些在学习过程中被特别强调过的部分能确保被编码。

2. 要想成功地回忆出信息，测试中所给的提示需要同被编码的信息的某些特点相吻合。换言之，回忆效果取决于编码和线索之间的匹配程度。

因此，想要达到最佳的回忆效果，测试涉及的信息处理类型需要与获取信息时的处理类型适当地匹配起来。莫里斯及其同事验证了“迁移适当加工”（transfer appropriate processing）效应的作用，他们的实验是对我们在第二章中所说的克雷克和图尔文“记忆处理层次”实验的延展。克雷克和图尔文在最初的实验中，曾设法使得受试者在信息编码过程中重点关注词语的几种不同特征：或是物理特征，或是语音特征（例如词语如何押韵），还可能是语义特征。正如我们在第二章中所看到的，在典型测试条件下，编码时进行语义处理的受试者在测试中的表现最好。但在莫里斯及其同事所展开的进一步实验中，测试阶段又增加了一个条件：受试者需要辨认出与编码阶段所呈现的单词押韵的词语。对于这一新的“押韵”提取条件，包含押韵任务的那种编码过程与之最为匹配。在这一测试中表现最佳的，正是那些在学习过程中参与了押韵任务（即语音处理）的受试者。

第四章

记忆的偏差

本章将探讨是什么导致了遗忘。我们是否真的会遗忘任何事情？抑或我们只不过是在检索信息时遇到了困难？我们将对这一争论进行探讨。我们还将讨论记忆过程中的其他难题，例如暗示所导致的记忆扭曲和偏差——这曾是过去几十年来许多研究所关注的焦点，尤其是针对目击者证词的研究。我们还会讨论某些记忆运作尤其高效的情形，比如所谓的“闪光灯记忆”，研究者认为在这类情形下记忆会变得尤其鲜明（试想一下对约翰·肯尼迪遇刺或者威尔士王妃戴安娜之死的记忆吧）。与此相关，我们还将探讨影响记忆运作的情绪事件，例如，当我们感知到可能的威胁或奖赏时，我们通常能更有效地记住信息。

遗忘

> 请您记住11月5日，记住火药、叛乱与阴谋。绝对没有理由忘记火药、叛乱与阴谋。
>
> ——佚名

> 遗忘的存在从未被证明过：我们只知道有一些事情，当我们希望想起它们，它们并未出现在脑海中。
>
> ——弗里德里希·尼采

回想一下我们在第一章中介绍的编码、存储和提取这三者之间必要的逻辑区分。遗忘可以定义为存储后信息的丢失。**遗忘**也可能并不是存储信息的过程本身出了问题，而是由于我们进行提取时，相似的记忆之间发生混淆、互相干扰。如果我们想要完整地理解记忆是如何运作的，我们就需要试着理解影响遗忘的因素。

关于遗忘，存在着两种传统观点。一种观点认为，记忆只是褪色或者消散了，就像物理环境中，物体经过一段时间后褪色、磨损、失去光泽一样。这种观点将遗忘和记忆视作相对**被动的**过程。第二种观点则将遗忘视为更加主动的过程，认为并没有证据表明记忆中的信息是被动消退的，相反，是因为记忆痕迹变得混乱、模糊或彼此重叠，才发生了遗忘。换言之，遗忘的发生是干扰造成的后果。

当前研究文献中，较为统一的意见是：这两种过程都会发生，但通常很难将两者区分开来，因为时间的作用（即记忆的褪色和消散）与其他信息的干扰通常是同时存在的。例如，当你尝试回忆1995年温布尔登网球锦标赛中男子决赛的情况，你的记忆可能不太准确，这既可能是时间流逝所造成的遗忘，也可能是后来的一些比赛对回忆这场比赛产生了干扰，上述两种情形也可能**同时发生**。不过，有证据表明，干扰可能是导致遗忘的更为关键的机制。换言之，如果在观看1995年温布尔登男子网球决赛之后，你没有观看过其他任何网球赛，那么你对这场比赛的记忆可能会比此后看过其他网球赛的人更为清晰，因为你对1995年决赛的记忆是更为“独特”的。

一般而言，我们记忆中的不同经历确实会相互作用、彼此交错，因此我们对某段经历的记忆往往会和另一段经历的记忆相互关联。两段经历越相似，对它们的记忆就越有可能相互作用。在某些情况下，这种相互作用可能是有益的，比如新的语义学习可以在旧信息的基础上进行：有证据表明，国际象棋大师能比新手更好地记住棋子的位置，稍后我们会在本章中进一步探讨这一点。但是，当我们需要区分这两段经历并将它们分别呈现时，记忆的相互干扰便会令我们的记忆不再准确。例如，对两场温布尔登网球决赛的记忆可能会相互混淆。

闪光灯记忆和回忆高峰

记忆的一个有趣特点是，人们似乎能长时间地、生动地记住某一些事件，尤其是当这些事件非常特殊，或者能引起很多情绪时。这一现象的两个不同方面分别是**闪光灯记忆**和**回忆高峰**。

1963年，约翰·肯尼迪遇刺。1997年，戴安娜王妃逝世。2001年，纽约世贸大厦被摧毁。对于亲历过这些事件的人们而言，这些事是非常难忘的。对这类事件的记忆即便历经很长的时间也难以抹去。许多人都记得当初听到这些新闻时自己在什么地方，和什么人在一起。这就是所谓的“闪光灯记忆”。在这种情绪非常激动的情形下，人们的记忆表现通常较好。正如莎士比亚在《亨利五世》中提到阿金库尔战役时所写的那样：“老年人记性不好，可是他即使忘记了一切，也会分外清楚地记得在那一天里他干下的英雄事迹。”

与此不同的是，回忆高峰出现在人们生命的后半途，当他们回想过往经历的时候。在这种情况下，对人生不同阶段的记忆并不平均，人们记得最多的是发生在青春期和成年早期之间的事情。作家、律师约翰·莫蒂默就很准确地概括了这一点：“在那遥远的过去，我在失明的父亲面前以独角戏形式表演《哈姆雷特》，我跟自己决斗，喝下毒酒……这些情景就像发生在昨天那般清晰。在雾霭迷蒙的记忆中，丢失的反倒是仅仅十年前发生的事情。”专家们认为，回忆高峰的出现是由于人生早期发生的许多事件尤其重要：其中许多事件往往伴随着大量的情感（因此可能也与“闪光灯记忆”有关），比如遇见伴侣、结婚、成为父母亲；还有一些事件则具有另外的重要意义，比如大学毕业、开始工作，或作为背包客环游世界等等。

闪光灯记忆和回忆高峰都是较有争议的研究领域。就闪光灯记忆而言，有学者质疑说，对于戴安娜王妃之死这类事件的记忆，我们需要考察语义记忆究竟在多大程度上干扰了情景记忆。尽管我们感到自己记住了丰富的情景细节，但事实上这些细节可能是事后推断出来的（可参见第二章中关于语义记忆和情景记忆可能的相互作用的简要探讨，以及第一章中关于“自上而下”强加的影响会如何令记忆发生改变的阐述）。尽管如此，这两个课题均在记忆文献中占有相当大的分量。

记忆的组织与错误

好记性不如烂笔头。

——中国谚语

20世纪六七十年代，有人针对国际象棋棋手进行了一些研究，看他们能多准确地记住棋盘上棋子的位置。结果显示，国际象棋大师在观察棋盘五秒后就可以记住95%的棋子的位置。实力较弱的棋手能正确定位40%的棋子，而且需要尝试八次才能达到95%的正确率。更深入的研究表明，国际象棋大师之所

图8　1963年，约翰·肯尼迪遇刺。1997年，戴安娜王妃逝世。2001年，纽约世贸大厦被摧毁。对于亲历过这些事件的人们而言，这些事是非常难忘的

以表现优秀，是因为他们将整个棋盘视为一个有机的整体，而不是将其视为单个棋子的组合。类似的情形也在桥牌专家回忆桥牌牌局、电路专家被要求记认电路图的研究中得到了验证。在上述这些情况下，专家们都将材料组织成了清楚连贯、具有意义的模式。凭借之前丰富的经验，专家们似乎可以大大提升自己的记忆结果，远超出普通人的表现。

我们已经在第三章中看到，在**提取**的时候对信息加以组织（例如以提示的方式）可以帮助人们回忆。而对象棋高手等专家的研究表明，**学习**信息时对信息加以组织，同样也有助于回忆。在实验室里，研究者对比了两种信息获取条件下的记忆表现，前

图9　有证据表明，国际象棋大师能比新手更好地记住棋子的位置。这显然是由于大师能够将整个棋盘视为一个有机的整体，而不是将其视为单个棋子的组合

者的记忆材料是相对无结构的，而后者的记忆材料具有一定的结构。例如有两组单词，一组是由随机、混乱的单词组成，而另一组中的单词是分门别类排列好的：蔬菜类，家具类，等等。当人们被要求回忆这些单词组时，他们对分类单词的记忆表现要显著优于他们对随机单词组的表现。因此，在信息获取阶段根据意义对信息加以组织，有时也能提升记忆测试的成绩。不过我们之后便会看到，信息获取时的某些组织方式也可能令后续的记忆结果发生扭曲。

已有知识的影响

基模：我们已经拥有的知识

正如我们在第一章中看到的，在20世纪30年代，巴特利特曾要求英国的受试者们阅读并回忆一则印第安人民间故事，“鬼的战争”。这则故事的文化背景与受试者们的文化背景相去甚远。当人们尝试回忆故事时，他们所讲述的东西显然是建立在原先那则故事的基础上，但他们添加、删减、修改了其中的信息，从而生成了一则对他们而言更为合理的故事。巴特利特把这称为“对意义的追求”。

巴特利特提出，我们拥有一些**基模**（schemata）；他所说的基模指的是对过往经验加以组织后所得到的意义结构。这些基模帮助我们理解熟悉的情形，引导我们的预期，并为新信息的处理提供了一个框架。例如，我们可能拥有这样的基模：上班或上学时“典型”的一天，或者去餐厅就餐、去影院看电影的“典型”经历应该是怎样的。

如果先前拥有的知识基模难以派上用场，人们就会感到新呈现的信息难以理解。布兰斯福德和约翰逊所进行的一项研究很好地说明了这一点。研究人员提供一段文字让受试者记忆，文字的开头是这样的：

> 步骤实际上非常简单。首先把东西分类。当然，有时候一堆就够了，这取决于到底有多少要弄。如果缺乏相应的设施，你需要去其他地方，那就是下一步的事；不然的话，现在就可以开始了。不要胃口太大，这很重要；也就是说，一次放很少总比一次放太多要好。

受试者读完这段文字后，即便研究者把文字的标题提供给他们，受试者回忆这段文字时依然觉得困难。布兰斯福德和约翰逊发现，只有在给出文字之前先给出标题（“洗衣服”），之后的记忆表现才能得到改善。**事先**提供了标题，文字就变得更加有意义，回忆的准确性便提升了一倍。对这一实验结果的解释是：事先提供标题不但解释了文字的内容，还向受试者暗示了熟悉的基模，帮助他们理解整段文字。因此，提供一个有意义的上下文语境似乎能改善记忆的效果。

不过，即便不能理解也是可以记住的，尤其是在得到协助的情况下——比如通过再认测试来确认所呈现的信息（参见第三章）。阿尔巴和他的同事们证实，虽然提前知道标题能够改善对“洗衣服”这段文字（内容参见前文）的**回忆**，但无论有没有标题，受试者对文中语句的**再认**表现都是一致的。阿尔巴及其同事得出了结论：有了标题，受试者便能够将语句整合为一个连贯的整体，从而有助于回忆，但这只会影响语句间的意义关联，并不影响语句本身的编码。这就是为什么在没有标题的情况下，受试者对文字材料的再认表现也没有变差。

借“洗衣服”这段文字所进行的研究说明，我们已有的知识能帮助我们记住新的信息。鲍尔、温岑斯及其同事则提供了另一个例证。他们要求受试者记住几组词语，这些词语或是毫无规律的随机组合，或是有层次、有规律地排列而成。这些研究者发现，如果将单词以有意义的方式排列起来，记住这些单词所需要的时间仅为单词无规律排列时的四分之一。词语的排列层次显然强调了词义之间的差异，这不但能帮助受试者更方便地记住这些单词，也为之后的回忆提供了一个框架。因此，对记忆材料进行组织、整理，能够**同时**提升对这些材料的学习效果和回忆表现。

知识如何促进记忆？

正如第三章中所提到的，任何领域的专家学习其专业内的信息，都比新手更轻松、更迅速，这表明我们所学习的内容似乎有赖于我们已有的知识。例如，莫里斯及其同事证明，受试者所拥有的足球知识的多少，与他们听过一遍后即能记住的足球比分的数量之间有很强的相关性。研究者将一些新的足球比分报给受试者，就像周末的足球比分广播一样。一组比分是真正的足球比分，而另一组则是模拟得分：通过合理地模拟比赛双方，按照与前一周相同的进球频率计算所得的比分。在实验中，受试者会被告知他们听到的哪些得分是真实的，哪些是模拟的。似乎只有真实的比分才能激发足球专家的知识和兴趣。对于真实的比分而言，记忆结果显然与足球专业知识有关——拥有更多足球知识的球迷能回忆出更多的比分。但是对于模拟的比分（这些比分其实非常合理，但不是真实的分数）而言，受试者有没有专业知识对于之后的回忆表现并没有太大的影响。这样的结果表明，记忆容量与现有知识（恐怕还有兴趣和动机）在相互作用，从而决定了哪些信息能被有效地记住。

知识如何导致错误？

我们已有的知识是非常重要的财富，但它也可能导致一些错误。在一次相关研究中，欧文斯和同事们向受试者描述了由某个角色所进行的活动。例如，其中有一段描述是关于一个名叫南希的学生，以下是这段描述的第一部分：

> 南希去看医生。她来到诊所，在前台接待员那里登记。她去找护士，护士为她作了例行检查。然后南希踩上体重秤，护士记录下她的体重。医生走进房间，查看了结果。他笑着对南希说："嗯，看来我的估计没有错。"检查结束后，南希离开了诊所。

有一半的受试者被提前告知，南希担心自己怀孕了。这些受试者在之后的回忆测试中，给出的错误信息是其他受试者的二到四倍之多。例如他们中有些人回忆道，南希接受的"例行检查"中包含妊娠测试。这类错误在再认和回忆测试中都有出现。这反映了一个事实：人们对于生活中常见的活动（看病、听讲座、去餐厅就餐等等）有自己的预期，而这些预期提供的基模能促进或误导我们的记忆。

在"洗衣服"研究的另一部分中，鲍尔和同事研究了基模对于回忆的影响。他们给受试者提供了一些基于正常预期的故事，但故事中包含一些与正常情况差别很大的内容。比如说，一个关于在餐馆吃饭的故事可能提到了在餐前付账。在回忆这些故事时，受试者倾向于按照基模的（也就是更典型的）结构来调整这个故事。受试者常见的记忆错误还包括，添加一些在典型场景下通常会出现但在故事中并未提及的内容，例如在选择菜品前先阅读菜单。

总之，以上这些实验以及类似的研究均表明，人们倾向于记住与他们脑海中的基模相符的信息，并过滤掉那些不一致的信息。

真实和假想的记忆

正如第一章中提到的，即使我们认为自己在脑海里准确“回放”了之前的事件或信息，像放录像带一样，但实际上，我们是用一个个的碎片构建起了记忆，我们已有的知识和观念也参与进来，告诉我们应当如何将那些碎片加以组合。

这一策略的适应性通常很强。如果新事物和我们已经知道的事物之间的相似度很高，我们就倾向于不记住这些新信息。但是有时候，实际发生的内容与推理想象出来的内容之间，界限可能会较为模糊。

现实监控

现实监控指的是区分出哪些记忆是有关真实事件的，哪些又是来自梦境或其他的想象来源。玛西亚·约翰逊及其同事在几年时间内对此进行了系统研究。约翰逊提出，不同的记忆在性质上存在差异，这对于区分**外来的记忆**和**内部生成的记忆**十分重要。她认为外部记忆具有以下属性：1）具有更强的感官性质；2）更为具体、复杂；3）发生在某种具体可信的时间、地点情境下。与此相对，约翰逊认为，内部生成的记忆则更多地包含推理及想象过程的痕迹，这些痕迹都是在生成内部记忆的过程中留下的。

约翰逊找到了支持这些差别的论据，但如果我们使用他所提出的这些差别作为判定标准，我们就会把一些不真实的记忆视为是真实的。例如，在20世纪90年代有一项研究，要求受试者回忆一盒录像带中的细节，并同时汇报他们对自己的记忆有多自信，告诉研究者他们心中是否有清晰的心理图像和细节。研究者发现，受试者心中清晰的影像和细节越多，他们的回忆也就越准确。但是，由于记忆材料是可以亲眼看到的影像，人们有些过于自信了：当受试者给出伴随有心理图像的错误细节时，倒比给出不带心理图像的正确细节时更有信心。这些发现似乎意味着，并不存在完全可靠的方法来区分“真实”和“假想”的记忆。

和现实监控这一概念相关的是**源监控**，即成功地确定记忆的来源，例如，能说出我们是从一个朋友那里而不是收音机里听到的某则信息。下面我们将会看到，错误地确认记忆来源可能带来严重的后果，例如目击者的证词便是如此（参见米切尔和约翰逊于2000年发表的论文）。

目击者证词

我们甚至都不能很好地记住日常环境中的情况。例如，在第一章中我们看到，要正确地回忆出口袋里某个硬币上的头像是朝左还是朝右，这么简单的事情做起来也相当有挑战性。通常而言，人们都不知道这个问题的答案，即便他们几乎每天都使用这种硬币。有些人可能会争辩说，当我们看到**不同寻常的**事件，例如犯罪事件，我们就能更有效地记住这些事件了，这比尝试记住一枚硬币上的平凡细节要容易得多。毕竟，在日常生活中，我们并不需要知道头像的朝向就能有效地使用硬币。

但是我们知道，在犯罪现场，有很多因素会对目击证人造成负面影响，从而模糊或扭曲他们的记忆：

- 尽管高度激动的情绪可能促进记忆（正如我们之前所看到的），但当某人处于**极度的压力**之下，他们的注意力可能是相当有限的（例如，只注意了危险的武器），而他们的感知也往往出现偏差。
- 与上一点相关的是，身处**暴力事件**中的人们通常记忆能力会变差，因为这时候自我保护才是重点（例如，人们会调用一定的认知资源去寻找逃离的路线，或者寻找用于自卫的工具，而不会重点记住罪犯的外表和身份）。
- 同样地，犯罪现场的**武器**会分散目击者对于罪犯的注意力。
- 虽然与**回忆**信息相比，我们更擅长**辨认**面孔，但衣着往往是造成记忆偏差的重要原因。碰巧与罪犯穿着类似衣服的人可能会被错误地指认。
- 对于**与自己种族或民族不同的人**，人们往往不擅长辨认他们的相貌。即便我们与其他种族的人群有相当多的接触，事实仍然如此（不过，这种现象似乎与种族歧视的程度并不相关）。

另一个会造成记忆扭曲的强大因素是诱导性问题。“你有没有看见**这个男人强暴了**那个女人？”这个问题就属于诱导性问题。比起“你有没有看见**一个男人强暴了**那个女人？”，前一个问题更有可能让证人指认相关罪行。因此，假设你在某交通枢纽处目睹了一场事故，之后警察问你，车是停在树的前面还是后面。被问及这样的问题，你便很有可能将树“添加”到记忆场景中去，即使现场根本就没有树。一旦树被添加进去，它就会成为记忆的一部分，我们很难再区分真实的记忆和之后经过增添的记忆。

唐纳德·汤普森一直非常积极地主张目击者的证词并不可靠——我们马上就会看到，这一点是多么具有讽刺意味——他曾亲历过一次非常典型的记忆偏差事件。有一次，汤普森参加了一个关于目击者证词的电视辩论。过了一段时间后，警察逮捕了他，但拒绝解释原因。直到在警察局里一位女士将他从一排人中指认了出来，他才知道自己就要被控强奸罪了。询问了更多细节后，他发现，很显然强奸案发生的时候他正在参加那次电视辩论。他有很好的不在场证据，而且有许多证人，甚至包括和他一同参加辩论的一名警官。巧的是，那名女士被强奸时，房间里就在播放着这场电视辩论。这是一个源检测的问题，称为“来源遗忘”（丹尼尔·沙克特在其著作《记忆的七宗罪》中将这称为**错误归因**）。由此看来，那位女士对强奸者的记忆被同一时间从电视上看到的面孔扭曲了。（而那个电视节目所讨论的话题正好也非常相关。）那位女士认出了汤普森的面容，但是认知的来源却归纳错了。

再来看看另一个相关的话题：有些研究表明，在一些情况下，当两个人互换了位置，旁人无法察觉他们究竟是什么时候换了位置的。这种现象称为“变化盲视”。人们显然对于周围环境中发生的改变并不太敏锐。综合考虑目击者证词可能出现的问题，变化盲视现象也说明了我们是多么容易对周围环境中的信息进行不准确的加工。

误导信息效应

新添加的信息会如何扭曲旧有的记忆，这是一个重要的研究课题，无论研究者们是关心目击者证词的现实意义，还是关注记忆本质的理论意义。尽管我们知道记忆的不可靠性，法律工作者、警察和媒体仍然赋予了目击者证词相当重要的地位。但是正如我们在前一节中所看到的，鉴于我们通过精确的科学实验所了解到的记忆运作方式，目击者可能会提供并不属实的“信息”。目击者对犯罪情景的描述还可能取决于他们投入的情感及个人观点，例如他们是更同情罪犯还是更同情受害者。

伊丽莎白·洛夫特斯和同事们对**误导信息效应**进行了深入探索。具体来说，洛夫特斯及其同事反复证明了，在进行干预、误导性质疑或提供错误信息后，受试者的记忆会发生扭曲。即便误导信息间接地出现，这样的问题仍然会出现。例如，洛夫特斯及其同事向受试者展示了一组关于道路交通事故的幻灯片。之后，研究者向受试者询问那个事件。研究者对其中一半的受试者提问时，对其中一个问题进行了修改：将其中的“避让”交通标识换成了“停止”标识。接受了误导信息的受试者在之后的记忆测试中，更有可能确认错误的信息。这些受试者倾向于选择在误导问题中提及的路标，而不是他们自己亲眼所见的路标。这是强有力的研究发现，提示我们思考究竟如何提问才能让目击者的回忆尽可能准确。不过，误导信息效应的基础原因仍然存在争议。那些对洛夫特斯的观点存疑的人认为，受试者最初的记忆确实有可能由于那样的提问而发生永久地扭曲，但同时也存在这样的可能性：那些提问提供了受试者本来无法记住的真实信息，从而对受试者的记忆起到了补充作用。稍后我们会就这一点在本章作进一步探讨。

总体而言，这些研究结果的要旨在于，（我们要再次强调）记忆不应被视作一个被动的过程。正如我们在第一章中看到的，记忆是一个“自上而下”的系统，受到我们的心理定势（mental set）的影响，被种种偏见、刻板印象、信仰、态度和思想所左右；记忆同时还是一个“自下而上”的系统，受到感官输入的影响。换言之，记忆并非仅仅由源于我们物理环境的感官信息所驱动，人们被动地接收这些信息并将其存放在记忆库里；相反，根据我们过往知识和偏见的影响，我们为接收到的信息强行赋予了意义，从而改写了我们的记忆，使其更符合我们对世界的看法。

虚假记忆

和误导信息效应相关，但是可能带来更为严重后果的是恢复记忆和虚假记忆。通过治疗，一些成年人“恢复”了对童年时期被虐待经历的记忆，从而导致刑事定罪。但在这些情况下，人们是真的“恢复”了对于发生在他们童年时期真实事件的回忆，还是被诱导记住并没有真正发生的事情？大量研究已经表明，在一定情况下，可以创建出虚假的记忆。有些时候这些虚假记忆是有益的——例如，罗迪格、麦克德莫特及其同事从 20 世纪 90 年代开始进行了大量的研究，研究表明，人们可以通过激发“记住”某个语义上和先前呈现的词语相关的词语，而该单词却在之前没有出现过（例如，人们可能会记得曾经看到过单词“夜晚”，当他们之前看到了一系列和“夜晚”语义相关的词语，例如“黑暗”“月亮”“黑色”“静止”“白天”……）。

但并非那么有益的是，通过使用暗示或者误导的信息，可以创造出关于“一些事件”的回忆，从而让人们强烈地认为这些事件曾经在过去发生过，但事实上这些记忆是虚假的。所以至少

图10　我们对车祸这类事件的记忆会受到提问的影响，信息可以被“添加”进我们的记忆。这种现象被称为误导信息效应，对于我们思考目击者证词的有效性有着深远意义

有可能的是，人们所“记得”的受虐待的经历其实是虚假记忆。

伊丽莎白·洛夫特斯在实验中发现，人们回答误导性问题时几乎和他们回答无偏见问题时同样地迅速和自信。在这种情况下，即便受试者注意到有新的信息被添加进来，这仍然会成为他们对事件“记忆”的一部分。因此，回顾过程也可能引起记忆偏差，即便我们可以清楚地意识到这种偏差。在某一次实验中，洛夫特斯和帕尔默要求一些学生观看一系列影片，每则影片显示一起交通事故。之后这些学生需要回答关于这些事故的问题。其中一个问题是：“当两辆车互相____时，车开得有多快？”每组学生看到的问题中，空格处的词语都不同，可能是以下词语中的任何一个："猛撞""撞击""撞上""碰撞"或者"擦碰"。研究者发现，学生对于车速的估计会受到问题中所选动词的影响。洛夫特斯和帕尔默得出结论，学生们对于事故的记忆被问题中暗示的信息改写了。

洛夫特斯和帕尔默继续对这一问题进行研究，他们要求学生们看一段关于多起交通事故的影片。学生们又再次被问及车速，其中一组学生的问题中使用"撞碎"（暗示更快的速度），另一组问题中使用"碰撞"。第三组学生并没有被问及这个问题。一周以后，学生们被要求回答更多的问题，其中一个是："你在事故现场有没有看到破碎的玻璃？"

洛夫特斯和帕尔默发现，问题中的动词不仅影响了学生对车速的判断，还影响了一周后他们对关于玻璃的问题的回答。那些估计出更高车速的学生更有可能记得在事故现场看见过破碎的玻璃，尽管影片中其实根本没有破碎的玻璃。那些之前没有被问及车速问题的学生们中，当一周后被问及玻璃，极少有人回答看到过破碎的玻璃。

在另一项研究中，洛夫特斯又让受试者观看了一个交通事故影片。这次，她问其中的一些受试者："白色跑车在乡间道路行进时，它以怎样的车速经过谷仓？"事实上，影片中并没有谷仓。一周后，那些被问过这一问题的受试者更有可能说他们记得在影片中看到过一个谷仓。即便在受试者看过影片后立即问他们："你看到一个谷仓了吗？"他们也更有可能在一周后"记得"看见过谷仓。

洛夫特斯从这些实验中得出结论：后续引入的误导信息可以改写对事件的记忆。有些研究者认为，这些受试者只不过是说出了研究者期望他们回答的答案，就好像小孩子会按照大人期待的方式回答问题，而不会说他们不知道。洛夫特斯又接着找到了更多的证据支持其结论。

他们又让受试者看了一起交通事故，但这次是通过一系列幻灯片。事故显示，一辆红色的日产车在一个十字路口转弯，撞到了一个行人。但是其中一组受试者看见车起先停在“停车”标志那里，而另一组受试者看见车停在“避让”标志那里。这一次，关键问题是：“当另一辆车经过日产车时，日产车是停在停车标志那里吗？”或者“当另一辆车经过日产车时，日产车是停在避让标志那里吗？”每组中有一半的受试者听到的问题中使用的是“停车”，另一半受试者听到的问题中使用的是“避让”。每组中有一半的受试者收到的信息与他们在事故幻灯片中看到的一致，另一半受试者则接收了误导的信息。

20分钟后，所有受试者都要观看两套不同的幻灯片，其中一套是他们之前实际看到的，另一套作了一些调整，受试者必须在两套中选择更准确的一组。其中的一组幻灯片显示车停在“停车”标志处，而另一组幻灯片显示车停在“避让”标志处。研究者发现，如果学生被问到的问题和他们之前所看到的幻灯片一致，他们更有可能在20分钟后作选择时选出正确的幻灯片。而如果之前被问到的问题具有误导性，20分钟后，当他们被要求选择最准确的幻灯片时，学生们更有可能选择错误的那套幻灯片。虽然这个实验有些难以评估，但实验结果仍然说明，有些人是通过事后提供的关于“停车”或“避让”标志的信息而**记起**的，而并非只是在给出研究者所期望的答案，像洛夫特斯的一些反对者所说的那样——现在每个受试者都有两个同样合理的选项了。

对于警官、律师、法官及其他法律工作者所采用的审问技巧，这一类发现的意义十分重大。与此相反，另一些研究发现，在一些情况下，后续的相关信息本应该被整合进记忆的，却没有能恰当地整合进来。这方面的补充研究表明，虽然人们可能记得自己对之前错误的信息进行了修正，但他们却可能继续依赖那些不可信的信息——莱万多夫斯基及其同事便在实验室中观察到了这一点。至于现实世界中有关这一现象的例子，只要想想以下情况：2003年美国入侵伊拉克，此后大约一年，在一次美国国内调查中，30%的受访者依然认为在伊拉克发现了大规模杀伤性武器。2003年5月布什总统宣布对伊战争结束，几个月后的调查中，20%的美国人认为伊拉克在战场上使用了生化武器。可见，在一些情况下，记忆似乎会继续保留错误信息，这一现象具有深刻的社会意义。

洛夫特斯及其同事确认了记忆的回溯性偏差，而莱万多夫斯基及其同事则发现正确的后续信息可能无法恰当地整合进现有的记忆。进一步探究什么样的环境条件会导致上述这两种记忆偏差，这是未来研究的重要挑战之一。

丹尼尔·沙克特提出的“记忆的七宗罪”

丹尼尔·沙克特在他的著作中提出，记忆故障可以被细分为七种基本的失误或“罪过”：

分心：记忆与注意之间的交界处出现了故障。并非我们随着时间流逝而遗忘了信息，而是一开始就没有存储这些信息，或者当我们需要这些信息时却没有进行检索，因为我们的注意力集中在别处。

短暂性：随着时间流逝，记忆衰退或消失了。我们虽然能记住今天做了什么，但几个月后我们很有可能由于记忆的消退而忘却。

空白：我们拼命回忆某些信息，记忆的检索却凝滞了。“话到嘴边却说不出来”就是这类故障的一个例子。

错认：搞错了记忆的来源。你可能从电视上看到某条信息，之后错误地认为这条信息是同事告诉你的。

暗示：由于引导性问题、评论或提示而植入的记忆。在法庭语境下，暗示和错认现象都会带来严重的后果。

偏颇：当前的知识和信念对过往记忆的强大影响。为了遵循我们现在的观点，或是为了保持自己的正面形象，我们会无意识地歪曲过往的经历或信息。

纠缠：某些我们宁愿忘却的恼人信息或事件，却时不时地出现在我们脑海中。这可能包括工作上的尴尬失误，或者严重的创伤性经历（例如在创伤后应激障碍中，我们往往持续不断地回忆起创伤经历）。

第五章
记忆障碍

本章将探讨记忆丧失或者说“失忆”的状况，也就是记忆由于脑部的损伤而无法正常工作。本章的重点是被称为“遗忘综合征”的记忆丧失状况，我们将结合前面几章中记忆的不同组成部分对此加以探讨。我们会看到与长时记忆相关的一些隐喻，包括“印刷机”（用于创造新的长时记忆）和“图书馆”（用于存储旧的、经过整理的长时记忆）之间宽泛的通用区分。通过研究脑部受伤导致记忆受损的个体，我们已经了解了许多关于记忆运作的知识。本章将对这些重要的发现进行概述，并会讨论其他的临床状况和心理状态如何对记忆产生影响。

记忆与大脑

到目前为止，我们主要探讨了记忆的功能组件和过程，打个比方，这就是记忆的“软件”。但我们也可以从另一个层面来思考记忆，从“硬件”的角度，看看生成记忆的中枢神经系统。在我们的大脑深处，记忆在大脑中一个叫作“海马体”的部位进行分类或整合。对于新的记忆，海马体扮演了“印刷机”的角色。重要的记忆通过海马体进行“印刷”，然后在大脑皮层中永久归档（就像书一样）。大脑皮层是大脑的外层，数十亿藤蔓般错综复杂的神经元通过电脉冲和化学物质来存储信息。大脑皮层可以被看作"图书馆"，由海马体"印刷"出的重要的长时记忆（"书"）都永久存放在大脑皮层。（经过较长时间后，海马体究竟在多大程度上仍然参与提取这些记忆，这一点直到我写这本书的时候仍然存在着争议。）

大多数记忆研究的重点都放在过去经验对于人们行为、语言、感受和想象的影响。但是同样重要的是，考虑过去经历如何反映在我们的大脑活动里——尤其是在对记忆有负面影响的临

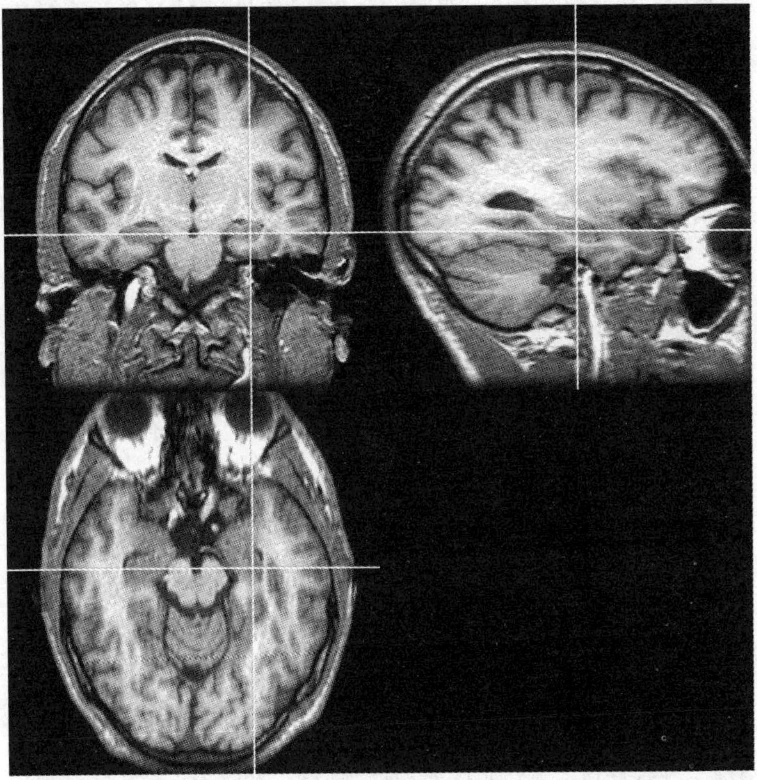

图11 大脑中与记忆相关的最重要的结构之一就是海马体（已在上面的大脑影像图中用十字线标示出来）

床状况下。我们接下来会探讨当大脑中支持记忆的“硬件”损坏时会发生什么。

脑部损伤后的记忆丧失——“遗忘综合征”

遗忘综合征是最为纯粹的记忆障碍的例子，这涉及某种特定的脑部损伤（通常涉及被称为海马体或间脑的大脑组成部分）。患有遗忘综合征的病人会表现出严重的**顺行性遗忘**以及一定程度的**逆行性遗忘**：顺行性遗忘是指对信息记忆的遗忘发生在导致记忆丧失的脑部损伤之后，而逆行性遗忘是指信息遗忘发生在损伤之前（参见图5）。

以下是一个著名的遗忘症患者的自述。他在遭受某种特殊、少见的头部损伤后呈现了失忆的症状：

> 我正在书桌边工作……我的室友走进来，把我挂在墙上的一把花剑取了下来。我猜他在我后面扮演风流剑客呢……

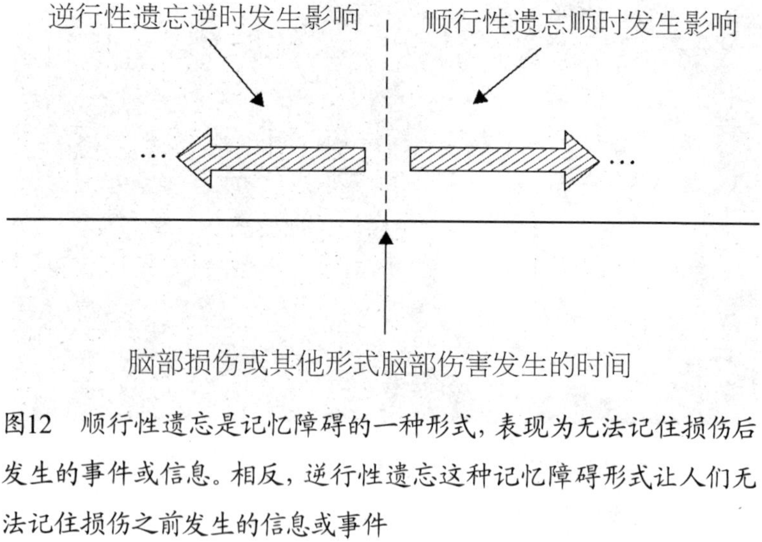

图12　顺行性遗忘是记忆障碍的一种形式，表现为无法记住损伤后发生的事件或信息。相反，逆行性遗忘这种记忆障碍形式让人们无法记住损伤之前发生的信息或事件

我感觉背后被轻击了一下……我转过身……他正好在拿着剑往前刺。剑刺中了我的左鼻孔，并且向上刺破了我脑部的筛状板区域。

以下这段有趣且富有启发的文字节选自病人与心理学家韦恩·威克格伦之间的对话。他们在美国麻省理工学院的一个房间里见面。病人听了威克格伦的名字，说道：

"威克格伦，这是德国名字？"

威克格伦："不是。"

"爱尔兰？"

"不是。"

"斯堪的纳维亚？"

"是的，是斯堪的纳维亚。"

之后和病人聊了五分钟后，威克格伦离开了房间。又过了五分钟，威克格伦回到房间里，病人看着他就好像之前从未见过他一样，于是两个人重新相互认识。以下的对话接着发生了：

"威克格伦，这是德国名字？"

威克格伦："不是。"

"爱尔兰？"

"不是。"

"斯堪的纳维亚？"

"是的，是斯堪的纳维亚。"

从上段描述看来，病人的所有记忆类型并非都被损坏了，他仍然保留了语言知识。例如，他能理解对方说的话，他能够说出合理的语言。那么他至少保留了部分的语义记忆（参见第二章）。另外，他的工作记忆能力也保留了下来，足以让他留意对话中所说的内容。病人具体缺乏的是经过较长时间后仍能留存信息的能力。换言之，他缺少**将新信息转化为长时记忆的能力**。这是遗忘综合征最为核心的特征。

一般而言，患有遗忘综合征的人仍然保留了智力、语言能力以及短时记忆广度。但是他们的长时记忆被严重破坏了。这种破坏的性质引发了大量的争论。有些研究者认为，遗忘综合征患者的情景记忆出现了选择性的丢失（情景记忆被定义为对经历过的事件的记忆，参见第二章）。相反，另外一些研究者认为，典型的遗忘综合征体现了包括**陈述性**记忆在内的更大程度的缺损（陈述性记忆是指对事实、事件和论点的记忆，人们可以回想起并有意识地表达出这种记忆。它与第二章中讨论的外显记忆之间存在很大的重合）。而对于程序记忆或内隐记忆，遗忘综合征的影响不大，也就是说，病人仍然可以有效地习得新技能，例如耍杂技或骑摩托车。

典型的遗忘综合征通常涉及海马体以及与之紧密相关的大脑区域，例如间脑中的丘脑。看起来，海马体和丘脑的损伤会阻止新的有意识记忆的形成。而当失忆症患者学习新的技能时，他们通常是在无意间学会的。有一位病人的海马体在手术中被切除了，他在努力了很多天之后，终于能够解决一个叫作“镜画”测验的智力题（参见图14）。但是，每次当他被要求完成这个任务，他都否认曾经见过这个智力题。

这一点非常重要，尤其是考虑到脑部受损伤后，记忆的不同

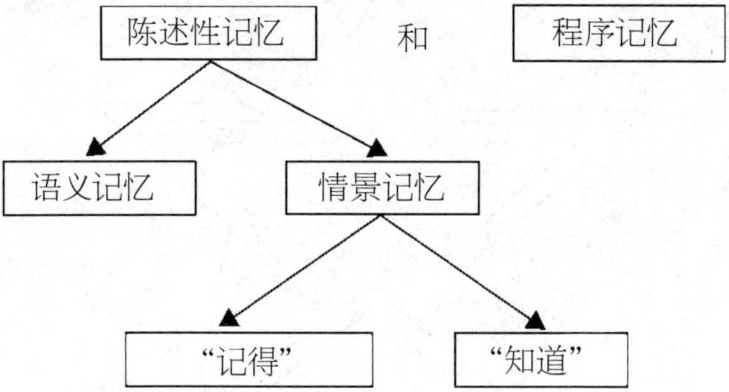

图13 斯奎尔提出了一个模型，将长时记忆分为陈述性（或外显）记忆和程序（或内隐）记忆。遗忘综合征患者只有陈述性记忆受到了损伤

方面会发生**分离**或**分裂**。这一点对于思考记忆障碍患者的治疗方法也可能有所帮助。它同时也告诉我们，在健康或未受损伤的大脑里记忆是如何组织的。具体而言，肯尼思·克雷克曾提出一个著名的观点：对于像大脑这样的复杂系统，要了解其中不同系统之间的功能关系，我们在它运行异常时进行观察，会比在它顺利运行时进行观察要有益得多。此外，正如我们从第二章中看到的，研究者们对健康个体以及脑部受到不同损伤的个体进行评估后，提出了记忆的几种功能区分。针对健康个体以及脑损伤病人的研究，都为了解人类记忆的结构带来了富于洞察力的发现。

与此相关的是，在过去，专家们曾倾向于把各种各样的失忆症都归为一大类，只要病人有某种可以识别的记忆功能障碍。但现在，显而易见的是，不同类型的失忆症具有不同的特点，取决于大脑受损的具体部位。将来，针对各种与记忆相关的脑部障碍，我们需要开发出一套更为全面的分类法。

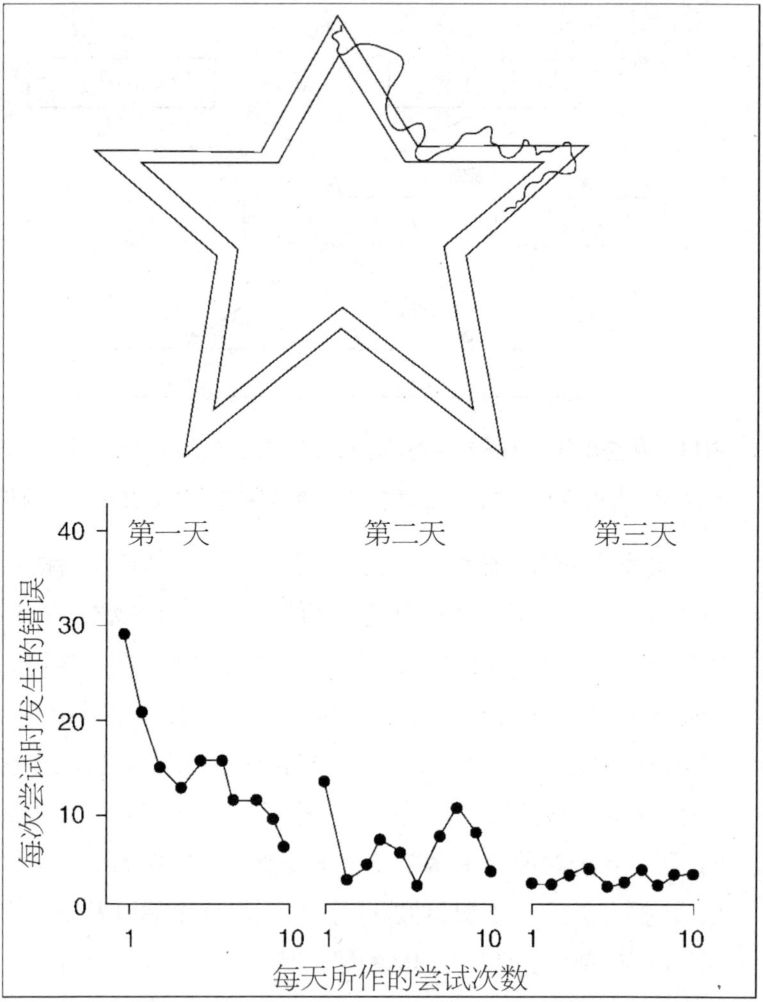

图14　记忆障碍患者通常在尝试几天后，能够学会完成一个叫作“镜画”的复杂任务。但是，每次被要求完成这一任务时，他们都会否认之前曾经完成过（在内隐记忆或程序记忆方面，患有失忆症的人通常表现得很正常，或者很接近正常）

关于记忆与大脑的推论

有关失忆症的研究近年来颇为重要，这主要体现在以下两个方面：1）通过这类研究可以区分一些特定类型的记忆过程；2）将记忆障碍与特定的神经结构关联起来，记忆障碍患者的这些神经结构通常都受到了损伤。此外，脑成像技术的发展——例如功能性磁共振成像以及正电子发射断层扫描——使得我们能够研究大脑完好的健康个体，考察他们在进行记忆时大脑中活跃的部位，由此得到了许多重要而一致的新信息。在研究其他一些临床状况时，脑成像技术也是非常有用的，这类临床状况涉及不同类型的记忆缺失，包括（但不局限于）抑郁、中风、创伤后应激障碍、疲劳、精神分裂以及"似曾相识"的错觉（参见第三章）。近来甚至有人提出了颇有争议的建议，认为脑功能成像可以用来判断嫌疑犯是否拥有与罪行相关的事件或地点"记忆"，从而断定该嫌疑犯是否有罪。

但是，推断并概括记忆和大脑是一件困难的事，因为记忆是一个复杂的过程，涉及认知方面的许多分支组件和过程（参阅本书的前几章），由一系列的大脑机制推动发生。也就是说，当某人进行记忆时，大脑的许多部分都是活跃的，这一点可从过去几十年里进行的脑成像研究中得到形象的说明。而以前的研究者们并未将这些大脑区域（例如位于眼睛后上方的前额皮质，与编码和提取过程均密切相关）同记忆过程紧密关联起来。因此，想要找到具体和记忆相关的某些神经活动将是很困难的。尽管如此，大脑中仍有某一些部位是对记忆尤为重要的。

测试失忆

颞叶失忆患者（例如波士顿的HM，或者我们在澳大利亚珀斯的研究对象SJ）告诉了我们关于记忆的神经基础的许多知识。具体而言，支撑长时记忆的重要元素看来是由大脑颞叶深处的海马体提供的。为了治疗顽固性癫痫，患者HM于1953年接受了手术，外科医生切除了他左右大脑颞叶的内表面，包括部分海马体、杏仁核和顶叶皮层。自从那时起，HM就几乎没再记住任何新的事物，虽然他似乎仍能记住手术之前的人生经历。他的其他认知技能（例如智力、语言、短时记忆广度）似乎并未受到影响。此外，正如我们之前提到的，遗忘综合征患者能够学会新的动作技能——例如“镜画”（见图14）——以及类似于完成图画所需的感知技能，尽管他们不记得曾经学过这些技能。

同HM这样的患者进行一次典型的记忆测试面谈，大致过程是这样的：测试开始前，HM会进行自我介绍，并与神经心理学家交谈几分钟，他们之前从未见过。神经心理学家询问HM那天早上吃了什么早餐，但他不记得。接下来，系统的记忆测试开始了。神经心理学家从公文包里取出一叠不同面孔的照片。他拿给HM，HM仔细地看过。但几分钟后，HM无法辨别哪些面容他看过，哪些他没看过。相对于控制组的受试者的表现而言（这些受试者在年龄、性别和背景方面均与HM相似，但没有遭受脑部损伤），他在这个任务上的表现差很多。工作人员对HM大声朗读出一组单词，并且要求他进行回忆，我们也得到了同样的发现。神经心理学家随后让HM看了一幅初级素描画，并问他是否能辨认出画的是什么。HM正确地辨认出这幅素描画的是一把椅子。他也能在听完六个数字组合后立即复述出来。神经心理学家接着离开了房间，HM在房间里读着杂志等待他。20分钟后，神经心理学家回来了，HM显然没有认出他来。HM站起来，再次礼貌地进行自我介绍。（我们从澳大利亚西部的患者SJ那里也看到了类似的表现。）

HM和SJ都是尤为“纯粹”的失忆症患者，也就是说，他们的记忆丧失具有高度选择性。SJ的脑部损伤比HM更靠近海马体，但是他们呈现出类似的临床表现和测试结果。HM和SJ的短时记忆没有受到损害，但是他们对日常事物的记忆受到了极大损害。研究者们最初认为，HM的脑部损伤让他特别难以整合（也就是存储）新的记忆，但是，如今研究者们已经发现，HM以及其他像SJ这样的颞叶失忆症患者是能够学习新技能并完成内隐记忆任务的，就像我们在上文提到的那样。因此，简单的整合失败并不能解释这些个体的所有症状。

不过，到底HM和SJ这样的患者能提取出多少脑部受伤前的“旧”记忆，学界目前还存有争议。在HM做完手术后50多年，关于HM为何会呈现如此严重的记忆丧失，神经心理学家们仍然无法达成一致。尽管如此，HM以及其他遗忘综合征患者的案例已经引发了研究者们对海马体的关注，将其视为一个关键的记忆结构。这的确是至关重要的一步，使我们可以更多地了解支撑记忆的大脑“硬件”，并发展关于信息存储的神经科学理论。

我们对人格、自我和身份的感知与我们的记忆紧密相联，因此失忆具有深远的哲学意义。而就实际层面而言，由于记忆在日常活动中是如此重要，失忆会让人变得特别虚弱，对护理者也会造成极大的压力。例如，患者记不住之前已经问过的问题，或已经要求护理者做过的事情，所以护理者会被反反复复问及同一个问题，被要求做同一件事，这是非常令人沮丧的。研究者们发现，有些记忆策略对脑部受伤后丧失记忆的患者是较为有效的，例如无错误学习方法（参见第七章）。一些外部的协助，例如个人备忘录（提醒人们在特定时间做特定的事情），也能对失忆状况有所帮助。但是，记忆不像肌肉那样可以通过重复锻炼而得到改善。如果你背诵大量的莎士比亚作品段落，这并不能改善你的总体记忆能力，除非你在背诵莎士比亚的过程中发明了一些可用于其他领域的记忆策略或方法（例如使用视觉想象，参见第七章）。

记忆障碍的评估

对记忆障碍患者进行一系列系统的评估，这对临床实践和研究都具有重要价值。记忆障碍有时会孤立发生，就像患者HM和SJ那样，但这种情况其实极少发生。例如，更常见的一种记忆障碍表现是"科尔萨科夫综合征"，除了记忆之外其他的心理能力也会受影响。因此，对于出现记忆丧失的患者，建议同时评估其他的心智能力，例如感知、注意力、智力，还有语言和执行能力。

对于失忆症患者，心理学家通常首先采用韦氏记忆量表（现在已是第三版）进行评估。其他的测试方法也是有效的，例如，也可以使用韦氏成人智力量表（现在也已有第三版），并将测试表现与使用韦氏记忆量表得到的结果进行对比。如果两者的测试分数存在实质性差异，则意味着失忆症患者存在某种特定的记忆障碍，而不是"智力"本身存在问题。

评估智力时，应当使用韦氏成人智力量表（或其他类似的测试）获得现在的智力水平，同时还需要知道患病前的情况（使用患病前的智商水平），以确定随着时间推移，这一临床障碍是否造成了患者智商下降。

韦氏记忆量表和韦氏成人智力量表都会定期更新，并根据正常健康人口进行标准化，市面上可买到的常用心理测试均是如此。因此，使用韦氏记忆量表第三版和韦氏成人智力量表第三版所得的结果，可以与普通人群的水平进行比较。韦氏量表的设定是，普通人群得分的平均数为100，标准差为15。因此，如果某人使用韦氏成人智力量表第三版的测试得分为85，这意味着他的得分低于平均数一个标准差。

但是，韦氏记忆量表第三版所进行的记忆评估并不全面。可能的话，还应当使用其他记忆测试和认知能力测试对失忆情况进行评估，这包括对远时记忆和自传式记忆的测试。记忆临床问卷也可以提供一些心理测试不一定能够提供的重要信息，护理者以及患者自己的回答可以帮助我们深入理解患者日常所遭遇的困难。虽然记忆障碍患者也许不能完全准确地填写问卷，但通过问卷方法，我们可以了解一下患者对自身记忆功能的感知程度。

对于失忆，我们概述如下：

- 失忆症患者不能在较长时间跨度内学习新的信息，但通常能够背诵出他们工作记忆范围内的信息；
- 失忆症患者可能较好地留存童年的记忆，但通常几乎无法获得新的记忆，例如刚刚见到的人的名字；
- 失忆症患者可能懂得如何看时间，却无法记住现在是几月份、哪一天或星期几，他们也无法记住新家的布局；

- 失忆症患者或许能学会打字这样的新技能，但即便他们在行为上已经做到了这一点，下一次他们坐下来打字时仍然会否认自己曾经使用过键盘！

心因性失忆症

并非所有的记忆障碍都由疾病或损伤造成。“心因性失忆症”的患者通常存在着记忆功能障碍，却不存在大脑的神经损伤。

图15 在神游状态下，人们显然忘记了自己的身份以及与其相关的记忆。这种状况可能会由某个创伤事件引起，比如一次事故或犯罪。阿尔弗雷德·希区柯克所执导的电影《深闺疑云》就描绘了这样的场景

例如，在一些情况下，人们会进入游离状态（dissociative state），他们似乎与自己的记忆部分地或彻底地分离了。这通常是由某些具有暴力性质的事件所造成的，例如身体虐待或性虐待，或者目睹或实施了一次谋杀。神游状态（fugue state）就是游离状态的一种，在这种状态下，一个人会忘记自己的身份以及与此相关的记忆。经历神游状态的个体并不会察觉发生了什么问题，通常还会采纳一个新的身份。只有当患者在几天、几个月甚至几年后"苏醒过来"，才会意识到自己之前的神游状态。通常，他们会发现自己所在的地方已经距离原来居住的地方很远了。英语中的"神游"这个词，事实上是从拉丁语的"飞行"一词中派生出来的。

另一种游离状态是"多重人格障碍"，患者会出现多种不同的人格，分别掌控其过往生活的不同方面。例如20世纪70年代末臭名昭著的洛杉矶"山腰绞杀手"肯尼斯·比安基，曾被指控强奸并谋杀了多名女性。但在面对指认他的强有力的证据时，他仍然坚持否认自己的罪行，声称自己对这些罪行一无所知。然而在催眠状态下，另一个称为"史蒂夫"的人格出现了。"史蒂夫"和"肯尼斯"截然不同，他声称这些谋杀是他干的。当肯尼斯·比安基从催眠状态中被唤醒，他对史蒂夫和催眠师之间的对话毫无记忆。如果同一个个体内能存在两个或更多的人格，这显然会制造严重的司法问题，究竟哪个人应该被定罪呢！然而在这个案子中法庭判定比安基有罪，因为法庭拒绝接受他的确拥有两种不同人格的结论。

在庭审过程中，一些心理学家指出，比安基的其他人格会在催眠对话中出现，是因为催眠者实际上已经暗示了比安基会显露自己的另一面。催眠本身就是一个具有争议的手段：它是否能真正地引发性质不同的意识状态呢？此外，另一个具体问题在于：此次催眠产生的效果是否仅仅是由于催眠者给出了相应的指令呢？这与伊丽莎白·洛夫特斯的研究所遇到的情况很相似，她的研究结论，以及这些结论对目击者证词有效性的意义，都受到了一些质疑（参见第四章）。在比安基的情形中，催眠者可能暗示他还具有另一种人格，而比安基可能抓住了这个机会，通过这样的方式承认罪行。另外，如果比安基对精神疾病有些一般性的认识，而他对此前报道过的多重人格案例有所了解，那么这也可能是他在催眠状态下如此应答的原因之一。

图16 "多重人格障碍"是一个颇有争议的话题，它是一种特定的游离状态，患者会出现多种不同的人格，分别掌控其生活的不同方面。《化身博士》（*Dr Jekyll and Mr Hyde*）这本书中对这一症状有较为夸张的描述

多重人格障碍的戏剧性引起了媒体的强烈兴趣，一系列描述此类个案的畅销书也涌现出来。《三面夏娃》（*The Three Faces of Eve*）以及《一级恐惧》（*Primal Fear*）是关于这一罕见障碍的两部成功影片。较新的《一级恐惧》描述的是一个被控谋杀的人如何成功伪造了多重人格障碍，虽犯下罪行却成功脱罪。

在日常生活中确实有人会“诈病”或伪装失忆。如何测出这种伪装，在法律和医学语境下仍然是一个挑战。诈病，或是“假装情况不好”，是指某人有意识地让自己的表现处于较低水平，而事实上，如果他们全力以赴的话完全可以表现得更好。较少争议的是，近年来这一现象被改称为“呈现较低（或减少）努力”，这相对于“诈病”来说是更为客观、不带情绪的说法。呈现较低的努力可能是因为有意识的控制（例如，为了金钱，或者为了引起看护者的更多注意），也有可能是出于更深层次的无意识动机。不管是什么动机让这些人“假装情况不好”，幸运的是，相关的专业人士已经能用可靠的方法来加以辨别，究竟哪些个体存在着客观的记忆障碍，哪些个体夸大了自己的病症。

第六章

七幕人生

记忆的发展

基于第一章所阐述的记忆编码、存储和提取三者的区分，记忆的发展可以定义为逐步发展出更为复杂的记忆编码和提取策略的过程（在记忆发展过程中，记忆的存储能力基本保持稳定）。当语义知识和语言能力更为丰满时，这一过程就变得更显著。例如有证据表明，随着语义知识的增长，人们从永久记忆中提取信息的能力会增强。而当儿童具备了一定的语言能力后，他们就能用更丰富的言语标签对材料进行编码，并利用这些语义标签作为提取时的线索。还有证据表明，各种认知能力的提升对于记忆容量存在着正面影响，例如，解决问题和假设检验的技能提升之后，人们能够更好地提取记忆，并判断提取出的信息是否真实。

有证据表明，外显记忆的容量是逐步发展起来的。例如婴儿就已具备一定的再认能力，可以辨认出照料者的面容。最基本的回忆能力在婴儿五个月左右时就已出现。大量的证据说明，即便是语言学习期之前的幼儿，也已体现出持久而确切的记忆。研究者通过不涉及语言的方法在这方面累积了大量的发现，例如通过对比、习惯化、条件作用和模仿的方式对婴幼儿进行考察。研究者还从对非人灵长类动物的研究中借用、改良了一些方法，例如延迟反应任务、延迟非匹配样本。罗伊·柯利尔等学者提出，幼儿和成年人记忆过程的基本机制是一致的：信息会被逐渐遗忘，经由提示可以恢复，与之前信息重合的新信息会对记忆进行修改。但是，当儿童逐渐成长，他们就能在更长的时间间隔以后、通过各种不同类型的提取线索来更快地提取信息。

关于内隐记忆（或者说无意识记忆，参见第二章）的研究表明，幼儿三岁的时候，内隐记忆就已发展完全了，比如他们已经可以进行感知学习、具有语言启动效应。值得注意的是，在儿童成长过程中，这部分记忆并没有表现出跳跃式的增长，这可能是因为承担这部分记忆功能的大脑区域从进化上来说是较早被固定下来的。事实上，内隐记忆在幼儿期之后就几乎不再发展了。与此不同的是，元记忆技能（对记忆过程本身的理解和管理）是逐步发展起来的，例如儿童会逐渐明白自己在什么情形下记忆表现较好或较差，以及自己有多大可能记住特定的信息。研究也显示，相对于更“核心”的记忆能力（编码、存储和提取），元记忆能力的成熟相对较晚，这可能与大脑额叶的神经成熟相对较晚有关，要到青春期才逐渐发展成熟。从名称可以看出，额叶位于人类头颅的前侧。比起其他哺乳动物，人类的额叶显得异常发达。我们稍后还会在本章中对大脑的这一部分进行深入讨论，探讨它在人类衰老过程中的意义。

我们还没有能够完全解开人类记忆的发展之谜。儿童的知识水平及其他的能力状态（例如语言能力和视觉空间能力）都会对记忆产生影响，这点当然非常重要。但是大脑的神经成熟和其他生物因素可能也非常重要。关于儿童记忆的一个有趣现象至今仍然是颇为神秘的，这就是“婴幼儿期记忆缺失”的发生：大多数人无法有效地记住自己四岁前的经历。我们现在还不清楚这个现象是哪种原因引起的，是与生理发育过程相关，还是不同人生阶段下心理状态的改变所致？抑或是以上两种原因的交织？有一种观点认为，四岁之前的记忆可能仍然存在，但这种记忆具有特殊的神经形式和心理形式，这意味着个体无法从其中提取到任何特定的经验。

瑞士著名的发展心理学家让·皮亚热曾写下一则趣事，充分体现了婴幼儿期记忆缺失的特征和童年记忆那引人入胜的品质。他写道："我最初的记忆，如果是真的话，该是在我两岁的时候。直到现在我还能清晰地看见那个场景，那个我直到15岁都一直深信的场景：我坐在婴儿车里，保姆推着我走在香榭丽舍大道上，这时一个男人出现了，想要绑架我。我被安全绳牢牢地绑着，我的保姆勇敢地试图挡在我和歹徒之间，她身上多处被歹徒抓伤，我还依稀记得她脸上的抓痕。这时候人群拥了过来，一个穿着短斗篷、拿着白色警棍的警察出现并制伏了歹徒。我仍然能记得这整件事情的经过，甚至记得这是发生在地铁站边上。在我15岁那年，我的父母亲收到了一封来自这位保姆的信，信中说她皈依了救世军。她在信中忏悔了自己做错的事情，尤其还要归还我父母为了感谢她救我而送她的那块手表。她说她编造了整个故事，伪造了抓伤的伤痕。我当时很年幼，我的父母相信了她的故事，而我只是从他们那里听到了整个故事，并将其转化成了视觉记忆。"

就像皮亚热的经历一样，年龄大些的孩子和成年人往往对早年的经历有更为翔实的记忆，却很难说出这些回忆片段的起源，这往往是由于儿童期的记忆语境比较不稳定。皮亚热所谓的"回忆"其实是保姆口述的故事，他却"还能清晰地看见那个场景"。在他的幼年期，他显然并不知道保姆是这一视觉记忆的来源，而事实上什么都没有发生。此外，早期的记忆很难确认准确的来源，因为这些记忆被提取（并重新编码）了太多次，无法可靠地与某个具体的时间或地点联系起来。我们之前探讨过，在编码和提取过程中，情境的转换会对回忆效果产生影响（见第三章），而当成年人试图提取童年时期编码的记忆时，这一点体现得尤其明显。这些可能性并不相互排斥，却很难通过系统、科学的方式研究清楚。

如我们在第四章中看到的，我们的记忆很容易发生扭曲。而这一点在我们回忆童年时体现得尤为明显，因为我们无法明确记忆的来源和情境。这对我们考虑目击者证词的有效性也具有重要的意义。有很多证据显示，对于他们自己生活中的重要事件，儿童有能力提供准确的目击证词；但是相关文献同时也提出，和成年人一样，儿童的记忆也很容易被错误信息所误导，而且可能比成人更容易被误导。

记忆与衰老

有一个问题与我们每个人都相关，那就是年龄增长后的记忆容量问题。每个人都经历过记忆的丢失、减退和偏差。但对年长的人而言，这些现象更可能被自然而然地归结为衰老的结果，而不是由于普通的个体差异。这个重要的归纳早在几个世纪前就由著名的学者、智者及讲故事者塞缪尔·约翰逊提出了。他写道：

> 大多数人都有一种奇怪的倾向，认为年长的人智力会衰退。假如一个中年人或青年人想不起他的帽子放在哪里了，这没什么。但如果同样的事情发生在年长的人身上，人们就会耸耸肩说，他已经开始健忘了。

图 17　年龄大些的孩子和成年人往往对早年的经历有更为翔实的记忆，却很难说出这些回忆片段的起源，这往往是由于儿童期的记忆语境比较不稳定。皮亚热显然能“记得”他坐在婴儿车里，在香榭丽舍大道上遭到了突然的绑架袭击，即使他现在知道，这一切实际上从未发生

大多数国家的人口平均年龄都在不断增长，而且这一趋势很有可能会延续下去，因此我们很有必要了解衰老对记忆力的影响，这种影响（如果确实有的话）是否在科学上得到了证实。在这一领域内，有一些重要的方法论问题需要事先考虑到。例如，如果现在将20岁年龄组和70岁年龄组进行对比，除了年龄的差异，还有很多其他因素可以解释这两组个体之间记忆力表现的差异。就其曾经接受的教育和医疗质量而言，70岁年龄组明显不如20岁年龄组。如果我们要对比20岁年龄组和70岁年龄组的记忆容量，这些外部的干扰因素会影响我们对两个年龄组记忆

力差别的研究。

对比20岁年龄组和70岁年龄组的记忆力，这是**横断**实验设计的一例。与之对应的是**纵向**研究，这种研究方法针对的是同一人群，纵贯他们从20岁到70岁的生命期，跟踪观察这**同一群人**随年龄增长呈现出的记忆能力改变。纵向研究的优势是，我们是针对同一群人来研究他们的记忆能力如何变化。但值得注意的是，纵向研究的对象中往往会存在高于正常比例的"高功能"人群，也就是那些记忆留存能力及其他感知能力都更为优秀的个体，这些人有时也被称为**超常参照体**或**超常个体**。换言之，在纵向研究中常有可能发生的是，在研究中受到正向鼓励的个体（因为他们保留了较好的能力）往往继续参与研究，而表现不好的个体会退出研究，这就可能使研究者过于乐观地评估衰老对记忆的影响。另一个问题是，要去找一群愿意连续50年参加纵向研究的人实在是太难了！总而言之，横断研究和纵向研究都各有利弊。

如果我们综合考虑横断研究和纵向研究的结果，就可以得到一些关于衰老和记忆的一致结论。值得注意的是，儿童和老年人在记忆容量方面的表现有许多类似之处。

短时记忆在年长的个体身上仍是相当稳定的，但是需要工作记忆参与的任务通常会受到年龄增长所带来的负面影响（关于短时记忆和工作记忆的区别，请参看第二章）。因此，当需要使用认知能力时（有别于被动存储信息的短时记忆），年龄增长所带来的记忆缺陷就会变得更明显。例如，当人们反过来背诵一串数字时，会比按原顺序背诵数字时更多地体现出年龄的负面影响。

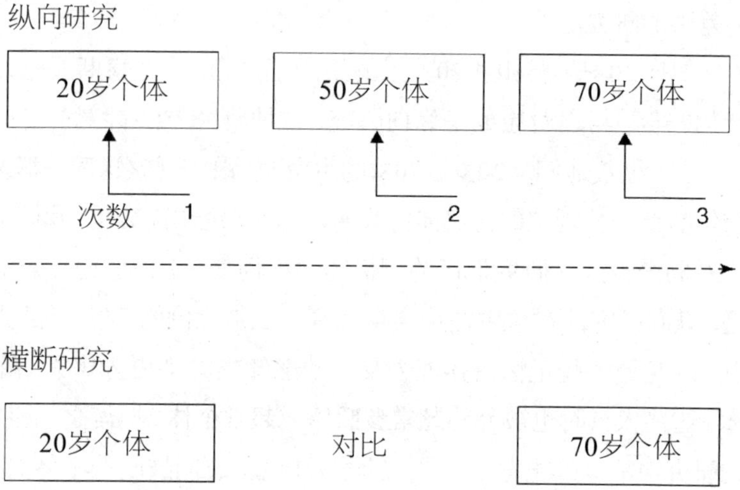

图18　在纵向研究中，我们会持续研究同一群人，纵贯他们20岁到70岁的生命期。而将现在20岁的人群与现在70岁的人群进行对比，则是横断研究的一例。两种研究方法各有利弊

随着个体的衰老，外显长时记忆（即被明确意识到的记忆经历，参见第二章）任务的表现通常下降得非常明显。随着年龄的增长，虽然再认的表现仍能保持良好，但自由回忆的表现下降得很明显。不过，当有关熟悉度的因素参与进来，再认能力也会随情况而发生质的改变。所以，当再认需要用到情境记忆（即再认记忆中更具追忆性质的那部分，见第三章），记忆的缺陷就会伴随衰老而出现。这或许意味着年长的人与幼儿类似，更容易受到暗示和偏见的影响。这在现实生活中可能会带来严重的后果，例如当年长的人基于以往的记忆去作有关金融财产的重要决定时。

至于内隐记忆（即无意识的记忆，无法直接回忆出记忆经过，通常需要通过衡量行为的改变来对此进行间接测量），随年

龄增长的退化并不显著。例如，希尔在1957年所进行的打字实验就支持了这一结论。这个研究很有趣，希尔在30岁时学习打字，录入了一段文字，后来在55岁和80岁时就此对自己再次进行了测试！所以，内隐记忆不仅在儿童期成熟比较早，而且随着年龄的增长也相对保持得较好。

年龄的增长对语义记忆的影响不大。事实上，语义记忆似乎还会随着年龄的增长而进一步提升。人们的词汇量和知识积累通常伴随着年龄的增长而增加，尽管他们可能会在提取相关信息时遇到更多的问题，例如我们前面章节中探讨过的“话到嘴边说不出来”。有学者提出，语义记忆中的信息随着年龄增长而不断累积，这可以解释为什么那些对语义知识要求较高的职务通常都由年长的人来担任，例如高等法院的法官、小说家、公司的董事长、军队的司令、教授、将军等。

有证据表明，主导记忆策略和组织的额叶的退化，或许是与年龄相关的记忆退化的原因之一。在本章上文中我们说过，人类的额叶相比于其他物种显得异常发达。我们已经注意到，儿童元记忆（即意识到自己记忆力的能力）的发展似乎也和额叶的成熟相关，同样也有证据显示，与年龄相关的元记忆障碍与额叶功能的衰退有关。前瞻记忆，也就是记得未来要处理的事件的能力，是另一种和额叶功能相关的记忆，证据显示这一记忆能力会受到年龄增长的负面影响。归结起来，额叶在幼年期成熟得相对较晚，但随着年龄增长又衰退得较早。与此一致的是，儿童和老年人都容易出现与额叶相关的记忆障碍。

另外一些证据表明，与年龄相关的记忆容量减少，也与年老后认知处理的速度下降有关。还有学者提出，与年龄相关的记忆力减退也是由于年老后压抑减少、注意力不足，并且缺少来自记

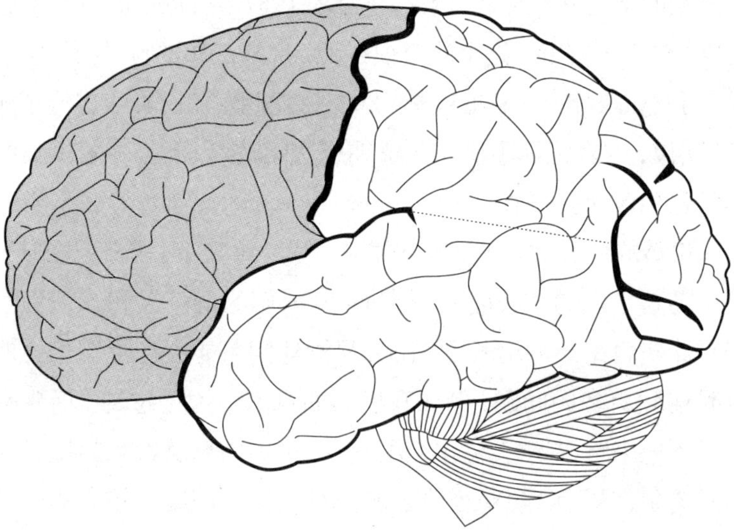

图19 有证据显示，额叶（人类的额叶比起其他的哺乳动物显得异常发达，图中左侧的灰色阴影区域即为额叶）的成熟相对较晚，衰退相对较早，这对人类记忆的形成和组织产生了影响

忆情境和周围环境的支持。这些有关衰老的"额叶假说"各自都存在着局限，但它们都引出了很有趣的研究课题。

吸引了许多研究者兴趣的问题之一是：正常衰老所导致的记忆障碍，是否预示着未来脑力的下降？介于正常衰老和临床痴呆之间的中间状态被称为"轻度认知障碍"。轻度认知障碍可能仅仅与记忆相关，有可能与多个认知领域相关。大部分被确诊的患者似乎都在几年内进展为全面的痴呆，但有一些患者则不然。由于现在许多国家都将人口老龄化视作一枚"人口定时炸弹"，因此相关研究得到了大量的投入，人们希望找到从轻度认知障碍发展至痴呆的决定因素。例如，最近一些研究结果显示，运动和健康饮食（尤其是饱和脂肪酸含量少、抗氧化物含量多的饮食）不仅有利于机体健康，也有助于老年人保持大脑的正常运作。

除此之外，脑力训练（例如填字谜、下象棋，或者学习些新知识，比如关于信息技术的知识）也有助于维持神经功能和心理功能。研究显示，在人的一生中，大脑都保持着一定程度的生长和修复能力，这种能力可以通过脑力活动和训练而激发。就构建老年人的理想生活环境而言，这是尤其重要的一个考虑因素。例如有的老人由于身体虚弱或认知困难需要长期居住在养老院，但他们同样也需要参与适当的脑力活动和训练。海马体是大脑中重点参与记忆整合的部分，它对于情景记忆的整合尤其重要（参见第二章和第五章），而海马体对脑力训练尤其敏感，在脑力刺激和锻炼之后更易于出现神经元再生和连接性增强的现象。

对与年龄相关的临床障碍而言，记忆障碍通常是痴呆的前兆。情景记忆与海马体功能的障碍，是最常见的老年痴呆症——阿尔茨海默氏症——的前兆。在病症的早期，情景记忆障碍可能单独出现，但在痴呆症后期，许多其他的认知能力，例如语言、感知、执行能力等等都会受到影响。还有学者提出，工作记忆的中央执行系统（参见第二章）会受到阿尔茨海默氏症的不同程度的影响。与选择性失忆的患者不同，阿尔茨海默氏症患者在内隐记忆和外显记忆测试中都体现出功能损伤，在病症后期尤为明显，这表明这一灾难性的疾病造成了进展性的大脑损伤。另一种神经组织退化性疾病被称作“语义痴呆”，与阿尔茨海默氏症不同，语义痴呆的主要表现是语义记忆（参见第三章）的深度损坏，这会导致患者甚至无法识别原本熟悉的事物，比如茶杯、盘子、汽车。

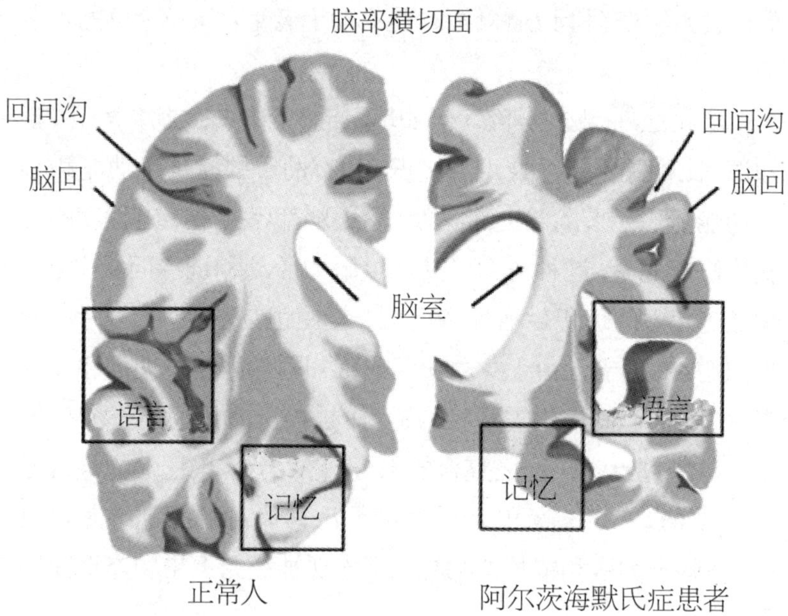

图20　这张图显示了阿尔茨海默氏症患者萎缩了的脑部（右侧），与健康老年人的脑部（左侧）形成对比。服务于情景记忆的脑部区域在这一疾病早期就会受到影响

目前，治疗阿尔茨海默氏症的药物只能对表面症状（例如神经传导的减少）起作用，而无法消除根本的病因。对于阿尔茨海默氏症这样的神经组织退化疾病，目前的治疗手段也无法阻止它们的不断恶化。未来，这有望通过干细胞治疗和脑修复术得到解决。此外，认知功能康复技术能够最大限度地利用神经元退化疾病患者的现有记忆容量，这有助于提升患者的自信、情绪状态以及机体功能（参见第七章）。

随着越来越多检测和治疗方法的出现，专家们也更加努力地研究用于评估记忆和认知功能的手段，希望这些手段能有针对性地适用于轻度认知障碍和痴呆症。如果认知功能的衰退可以被及早发现，我们就更有可能展开有效的治疗，阻止病症的进一步恶化。

第七章

增强记忆力

坊间有许多研讨会、课程和书籍都宣称可以大幅提升我们的记忆力。本章将考察这一既定目标，并探讨增强记忆力的方法背后的科学证据，看看这些方法究竟能否改善记忆功能。我们会重点讨论可以增强记忆的“软件”效率的记忆术等技巧，但同时也会提到未来可能对记忆“硬件”进行的改造。未来或许可以通过药物、辅助设备或神经元植入术来治疗脑损伤引起的记忆障碍。本章也会讨论一下记忆行家（即那些拥有非凡记忆力的人），尤其是一个叫“S”的人的故事。人们可能都希望自己拥有“完美的记忆力”，但S的故事告诉我们，遗忘也有它独特的好处。

我们可以增强自己的记忆力吗？

“硬件”

目前，我们还没有确切的方法可以改进决定我们记忆能力的生理构造，至少就记忆涉及的生物“硬件”而言，我们是无法改变的。用科学语言来说，目前没有可靠的方法可以系统地改善支撑记忆功能的神经系统。不过，对神经系统造成损伤倒是相对容易的事，脑部受伤、酒精，以及其他种种生理伤害或药物滥用，都足以做到这一点。

有证据显示，一些物质（例如尼古丁、咖啡因这样的刺激物）可以通过提高注意力（从而优化对材料的编码）来提升记忆力。但是，这些刺激物的作用往往只能在我们疲倦的时候才能被观察到，这时如果不使用这些刺激物，我们的认知系统就会很倦怠，从而功能减退。不过，如果这些刺激物让我们过于兴奋，也会产生反面效果。我们也常常听闻一些"聪明药"以及其他神经化学药物，据说它们可以改善支撑记忆的神经部件。这些药物一般是通过加强脑细胞之间的神经传导和沟通来发挥作用的。但是，同样地，这些物质只能针对大脑损伤或疾病（例如痴呆症）造成的记忆障碍发挥作用。对健康个体而言，他们的大脑基本上已经是以最优状态运行的了，使用这些药物并不能让脑细胞"超常发挥"。一个粗浅的类比就是，如果你汽车的机油箱里已经有足够的存油去润滑引擎，那么，增加更多的油并不能提升引擎的功效以及动力的传导。

未来我们或许可以通过以下方式来改善支撑记忆的"神经硬件"：基因或神经改造，或者移植技术；碳基和硅基成分的相互联结。以上两种方式中，前者普遍被认为可以提升大脑的基质，而后者涉及人工假体设备的使用。这两种措施都已在实验室中进行过动物实验，但依然存在很多争议。因此目前为止，我们还是只能依靠自己大脑中已有的神经硬件，同时尽量确保在这些系统上运行的软件在以最佳状态工作。那我们如何才能做到这一点呢？

"软件"

有哪些"秘诀"能使我们拥有更好的记忆力？

当艾宾浩斯在记忆无意义音节时，他发现，尝试记忆的次数和留存的信息量之间存在明显的关联（参见第一章）。艾宾浩斯得出结论，学习时间与记住的信息数量成正比。在其他条件相同的情况下，如果你花两倍的时间，就可以记住两倍的信息。这就是所谓的**总时间假说**，在研究人类学习过程的文献中，这是一对基本的关系。但是我们也已看到，不同的记忆编码方式会导致不同的记忆表现（参见第二章）。在第一章中我们还看到，艾宾浩斯的记忆方法在某种程度上有些虚假。因此，尽管练习时间和被记住的信息量之间存在一定的关系，一定还有其他的方法可以使我们付出的学习时间得到更好的回报。

- **分散练习效应**告诉我们，将学习时间分散在一段时间内比较好，而不要在某一时间内集中突击，其中的主要原则就是“少吃多餐”。所以考试前的临时突击不能取代平时扎实、持久的复习。

- 与此相关的是，**无错误学习**也是一种灵活的学习策略，即在学习新信息后，间隔一段时间进行测试，当这个信息被有效习得，便可以逐渐延长间隔时间。这里的主要目的是，在信息能被有效习得的前提下，给予每个学习目标尽量长的时间间隔。作为一种学习技巧，无错误学习是很有效的。无错误学习的另一个附带好处在于能保持学习者的积极性，因为记忆发生错误的几率保持在较低水平。

- 如果你是自己记住某事（例如记住一个单词的拼写）的，这会加强记忆。

- 集中注意力是有效的学习途径。维多利亚时期的教育家非常强调重复练习或死记硬背的学习方式，但重复并不能保证学习者将注意力集中在学习材料上。在本书的开头部分我们就已经看到了，如果没有积极关注，信息往往不能转化为长时记忆。

● 使用声音和视觉对信息进行编码（例如为语言内容创造出视觉形象），或者创造“思维导图”，是很有效的学习技巧。（托尼·布赞已经创作了数本关于“思维导图”的书籍和其他作品）使用其他的记忆技巧也能有效提升记忆（见本章后文）。

● 我们处理信息的方式也非常重要。对于需要记忆的信息，人们会自然而然地寻求其中包含的意义。如果信息本身缺乏意义，人们就会给资料赋予一定的意义（参见第一章中我们所探讨的，巴特利特的“鬼的战争”故事）。根据这一现象，一个通用原则是在可用的时间内，尽可能地把新的资料与你自己、你所处的环境详细而具体地联系在一起。要尽量去理解所学的信息，而不是被动地学习信息，这样做通常会改善记忆。（我们对信息加以处理，通常会使这些信息与我们的一般性知识发生联系，从而使信息得到更为丰富的语义编码，最终提升此后的记忆表现。）

● 学习动力是另一个重要因素，虽然其效果并非那么直接（比如，如果某人很有学习动力，这会导致他在学习资料上花费更多的时间，从而也就学得更多）。

● 注意力、兴趣、动机、精通程度和记忆之间存在着复杂的互相强化关系。你在某一领域的知识越多，你就会对该领域更感兴趣，于是你具有的知识和兴趣就会互相促进，帮助你更好地记忆与该领域相关的资料。例如，有记忆研究者发现，当他越来越容易获得和保留这一领域的新成果时，他也就变得越发专业！同样的原则也适用于其他行业。例如，销售经理基于自己几十年来掌握的产品知识，能够更快吸收关于新产品的知识。

总之，提高记忆表现需要勤勉、主动和坚持。当然，还有一些可靠的技巧能够帮助我们。另外，我们所记住的内容也部分取决于我们在进行记忆时是如何思考、感受和行动的（参见第三章所提到的有赖于状态的记忆）。了解这些，可以让我们制定特定的记忆策略，从而调整我们记住的内容。

接下来我们将具体讨论一些对信息的记忆有显著影响的因素。

复述

儿童经常采用的一种记忆策略是“在头脑里”不断地重复记忆材料。这样单纯地重复信息而不思索其意义和内在关联，只能帮助我们将信息保存几秒钟，就长期目标而言往往是很差的学习方法（参见第二章）。

例如，克雷克和沃特金斯要求受试者学习一组单词。在其中一个实验条件下，受试者回忆前的一段时间内，他们鼓励受试者不断重复列表末尾的一些词汇。然后记忆测试立刻开始。测试中，受试者能够很好地回忆出那些被重复的词语。在实验的结尾，研究者再次测试了所有不同的词汇表。在最后一次测试中，那些被重复诵读过的词汇（同时也是在即时测试中记得最牢的词汇）比起其他词汇来，并没有被更好地记住。这种复述被称为**维持性复述**。这种复述显然对于维持短时记忆很有效，却没有改善长时记忆。

与维持性复述相对，克雷克和沃特金斯研究中的部分受试者进行了**精细复述**。不同于被动地重复信息以保持其可用性，受试者在进行精细复述时会考虑信息的意义，而且信息的意义会被详细地加以阐述。虽然这两种复述都能在短期内留存信息，但对比一段时间后的回忆效果，精细复述比维持性复述更佳。看来精细复述能重新对信息加以编码，从而更好地存储信息（请参考第二章提到的“记忆处理层次”模型）。

扩展型提取

无论我们采用哪种复述方法，都可以通过有一定时间间隔的提取练习来帮助记忆，也就是说，在一定时间间隔后尝试提取信息。这一方法也常称为**扩展型复述**或**间隔型提取**。通过优化使用脑力，这种方法可以将学习成果最大化。其基本原理是，当信息即将被遗忘时便尝试提取，这能够最有效地加强记忆。其中的最佳时间点当然比较难以捕捉，因此需要合理的估计。这种学习方法应该如何与无错误记忆练习相结合，是一个有趣的议题，我们稍后将在本章中继续探讨。

间隔型提取最重要的原则就是：当我们第一次习得某信息，对它的记忆是相对脆弱的。如果在间隔一段时间后，我们能成功回忆起这个信息，那么之后就更有可能再次回忆起来。这样我们就可以延长下次提取前的时间间隔。如果每次的记忆提取都成功，后续尝试之间的间隔就可继续延长，这样并不会影响信息的提取。

兰德和比约克的实验证实了扩展型提取练习的有效性。研究者将一组虚构的人物全名念给受试者听，之后要求受试者根据名字说出姓。这个实验考查了许多不同情境下的记忆表现，其中就包括扩展型提取。起初受试者进行记忆测试的时间间隔较短，之后间隔逐渐延长。在扩展型提取测试中，第一次测试（例如“杰克·戴维斯”这个名字）是在研究者读出全名后便立即开始，第二次测试在间隔三个干扰项后进行（例如，杰克·戴维斯、吉姆·泰勒、鲍勃·库佩、约翰·阿诺德，然后再测试：杰克什么？），第三次测试与第二次测试之间又间隔十个名字。兰德和比约克发现，相对于没有进行间隔练习的对照组，任何形式的间隔练习都有正面效果，但他们观察到，其中帮助最大的还是这种扩展型提取练习，所得到的有效回忆成绩是对照组的两倍。

扩展型提取练习对学生而言是极好的策略。它不需要过多的努力和创造性，而且几乎可以运用于所有的材料。

间隔学习的益处

另一个相关的概念是间隔学习。在学习新知识的时候，我们往往容易密集地投入，但这种策略已被反复证明是错误的。艾宾浩斯（见第一章）在研究中也观察到了间隔学习的益处，他发现，如果将无意义音节学习过程扩展到三天，回忆这些无意义音节组所花费的时间大约能减半。事实上，将资料分为两个有间隔的环节分别进行学习，相对于两个集中的无间隔学习环节，记忆效果会翻倍。

巴瑞克和费尔普斯展示了间隔学习效果的稳定性。他们让受试者学习两次西班牙语词汇，并在八年后进行测试，对比其记忆表现。第一组受试者的两次学习间隔30天，第二组受试者的两次学习发生在同一天。八年后，前者比后者的记忆水平高出250%！

意义与记忆

意义对记忆有着深刻的影响，正如我们在第一章及别处所看到的那样。艾宾浩斯曾说，如果真的要了解记忆背后的原理，他便需要记忆那些简单、系统地构建成型的信息，并对记忆过程进行考察。尽管艾宾浩斯花了相当的精力去研究对无意义音节的记忆，他的确已经认识到，对信息的学习和记忆过程是受到意义影响的。

正如我们在第一章中所看到的，艾宾浩斯将“辅音—元音—辅音”三个字母串在一起，生成了一个个音节。其中一些字母组合形成了很短的单词，或是有意义的词根，但大部分这样的字母组合是无意义的音节。艾宾浩斯列出了一些音节组，按照顺序进行记忆，通常他需要进行很多次尝试才能正确地记住。但是，对比无意义音节的缓慢记忆，他对一些有意义的材料（例如诗歌）的记忆就会迅速很多。

最近鲍尔及其同事们关于对涂鸦（简单线条组成的无意义绘画）的记忆的研究，也验证了意义对记忆的作用。受试者中，有一部分人会被告知图片的意义（例如，一个骑着摩托车的大象）。实验结果显示，被告知图片意义的受试者在根据记忆重新画出涂鸦时，结果的正确率（70%）要远远高于那些不知晓图片意义的受试者（51%）。

外部辅助

如今我们拥有越来越多的**外部**辅助手段来帮助我们记忆，例如电脑、掌上电脑、手机、录音机、日记、备忘录、公司报告、演讲提示等等。最早的记忆辅助手段或许是在手帕上打结，这

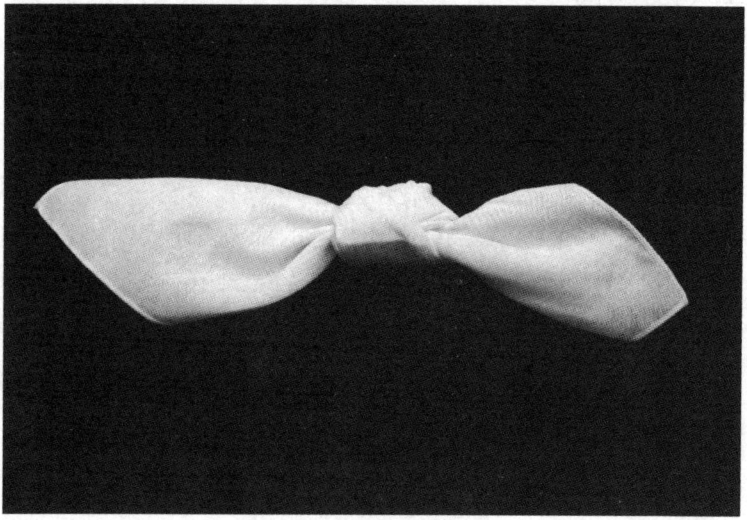

图21　最早的记忆辅助手段或许是在手帕上打结，这虽然没有告诉我们任何确切的信息，却提醒我们需要搜索记忆，从而回忆出某个重要信息

虽然没有告诉我们任何确切的信息，却提醒我们需要搜索记忆，从而回忆出某个重要信息。

21世纪的外部记忆辅助工具已经相当高端，能非常有效地帮助记忆，除非我们手边没有或者不得携带这些工具（例如在一些学校里，或考试中）。如果我们希望不借助这些人工的外部辅助而真正提升自己的记忆力，除了运用本章所传授的记忆方法，我们就需要以那些“记忆力超群”的人为榜样了，他们往往会使用特定的“记忆术”。

记忆术

记忆术就是用特定的方法组织信息，从而使其易于记忆，其方法往往包括使用代码、视觉想象或是韵律，有时候采用多种方法的综合。两种较为成熟的记忆术是“轨迹记忆法”和“关键词记忆法”。

轨迹记忆法

轨迹记忆法是最为久远的记忆术，从古典时期一直传授到今天。这个技巧需要记住一系列熟悉而不雷同的地点或位置——学生可以利用学校或大学周边的建筑来记忆。第一个需要记忆的项目被设想为第一个位置（即形成一个内心图像），第二个项目被设想为第二个位置，以此类推。后续的信息回忆就是在脑海中重新回想这些地点，并重新经历之前所创造的内心图像。研究表明，这一技巧非常有效，但是它的使用存在局限：往往没有合适的地点和材料供人们创建内心图像。

这一记忆术的起源普遍被认为是这样的：公元前500年，希腊诗人西蒙尼戴斯参加了某次庆典活动。他在发表了一个演讲后不久就离开了，没想到这对他而言算是意外的好运，因为他走后不久，宴会大厅发生了坍塌，有不少客人死亡或受伤。惨剧发生后，很多尸体据说已无法辨认，这让已故者的亲人无法认领尸体，也无法为他们安排一个像样的葬礼。但西蒙尼戴斯发现，他能记得自己离开宴会厅时大部分来宾就坐的位置，从而对遗体的辨认提供了很大的帮助。

据说，基于这次经历，西蒙尼戴斯便发明了这个记忆方法。这种记忆术需要充分想象整个房间或建筑的细节，然后将需要记忆的对象或信息在想象中放置到特定的位置。当西蒙尼戴斯需要回忆这些信息时，他会想象自己走过这个房间或建筑物，并“拾起”这些对象，即收集这些具体信息。西塞罗等古典演说家

图22　轨迹记忆法是一种记忆术，起源于古希腊。这个方法需要充分想象整个房间或建筑的细节，然后将需要记忆的物品或信息在想象中放置到特定的位置上

在需要为他的公开演说背诵大段文字时，也经常使用这一记忆术。直到现在这个方法还在广泛使用，例如，当我们在婚礼上致辞，往往需要以某个特定顺序记住一系列的项目。这一方法对于具体的词语似乎尤为有效，例如可被“放置”在某个地方的一系列物品的名称。当然它也可以用于记忆抽象词，例如“真理”“希望”等等，只要人们能找到代表这些概念的形象，并将其放置于合适的位置。

关键词记忆法

后来，轨迹记忆法继续发展为一种更为灵活的、通过谐音来构建的关键词记忆体系。比如：“1是姨，2是儿，3是生，4是丝，5是我，6是路，7是妻，8是拜，9是酒，10是石。”假设你需要记住一张购物清单，其中第一项是“生日卡”，那么你可以使用关键词记忆法将它与“1”和“姨”相关的图像联系起来。你或许可以想象你姨妈收到一张生日卡的样子。如果清单上第二项是“橘子汁”，你可以想象邻居的儿子将橘子汁倒进鞋子里。通常，你脑中想象的情景越是奇特，这种记忆术就越有效。而且，如果你需要以特定的序列记忆事物（比如一条路线上经过的一系列街道名称），这种方法的效果会尤为显著。

同轨迹记忆法一样，关键词记忆法也适用于大量材料，使用者只需将序列中的每个条目与对应的关键词配对，建立起有感染力的、难忘的联系即可。关键词记忆法相对于轨迹记忆法而言，可以更为灵活地使用图像记忆，而且效果也非常显著。的确，许多专业的记忆提升方法都是以关键词记忆法为基础的。关键词提供了易于检索的记忆提示，而图像的使用能为记忆提示与记忆内容建立起牢固的视觉空间联系。

在这一方法中，容易在脑中形成图像的关键词代替了轨迹记忆法中的特定地点。尽管这一技巧仍然基于视觉想象，但通过关键词记忆法，我们可以记住分别代表1到100这些数字的100个单词。这一方法的设计原理使得关键词本身非常容易掌握，因为它们遵循的是极其简约的谐音规则，并由此与对应的数字紧密联系起来。

以关键词记忆术为基础，还发展出了其他图像记忆术。例如，莫里斯、琼斯与汉普森对很多记忆专家所推崇的一种记忆术进行了评估。在这种方法中，如果要记住某个姓名，首先要将其转化为某种便于进行想象的关键词。比如，戈登（Gordon）这个名字就可以转化为花园（garden），你可以想象戈登脸上突出的部位上有一座花园，由此建立起关键词（花园）与记忆内容（戈登）间的联系。通过这一方法，当你看到戈登的面孔，"花园"这个关键词就能被破译为与之相似的戈登名字的发音，使你能立刻说出这个名字。经莫里斯、琼斯与汉普森统计，这一记忆术令使用者在记忆人名时的表现有了约80%的进步。

类似的方法也被扩展到语言学习之中，例如链接词体系（由格伦伯格加以大力发展）。在这一方法中，外语词汇被转化为发音相似、易于视觉化的母语词汇，继而形成一幅有感染力的内心图像，这一图像则与外语词汇本身的意义建立起联系。举例而言，法语的"兔子"一词是"lapin"，为了记住这个词，母语是英语的人便可以想象：一只兔子坐在某人的膝盖（lap）上。

在最近的一部著作中，怀尔丁和瓦伦丁描述了对许多记忆能人和记忆专家的研究，这些人中有许多都发现心理图像对他们而言是非常有价值的记忆提升方法。心理图像对于提升记忆来说并不是必需的，但它代表了一种很强大的方法，可以为表面看上去没有意义或没有关联的材料赋予意义、建立关联，从而使其易于记忆。

言语记忆法

尽管经典的记忆法主要依赖于视觉想象（轨迹记忆法就是如此），但后来言语记忆法也得到了发展。比如说，要把清单上的词语都记住，一个简单方法就是编一个故事把它们串起来。研究表明，如果要求人们编故事把一些词语串起来，这将极大改善之后对这些词语的记忆。另外，许多学生都很熟悉"一个月30天，九月、四月、六月、十一月……"（30 days hath September, April, June and November...）这样的打油诗。打油诗的节奏和韵律结构能够有效地帮助回忆。

言语记忆法大致可分为两大类：削减代码法与细化代码法。削减法会减少内容的信息量，比如说，为了记住三角函数的名称和规则，我父亲在上学时被教会了一个无意义单词"SOHCAHTOA"。而细化法会增加信息量，或者将原先的内容重组，使其更有意义。例如，为了记住同样的三角函数，我上学的时候老师教的是"Some Old Horses Chew Apples Heartily Throughout Old Age"。细化法的另一个例子是首字母记忆术中的名句"Richard Of York Gave Battle In Vain"，这句话中每个单词的首字母对应了彩虹七色的每个词（Red, Orange, Yellow, Green, Blue, Indigo, Violet）的首字母，从而让我们能记住这七种颜色。

不论是削减法还是细化法，其编码原则都是将原有内容变得更简单、更好记，因为重新编码后的信息对使用者来说通常是比原先的内容更有意义的。这类技巧也被用于记忆历史上的重要日期。如果某人觉得记住某个特定的数字有困难，比如发生滑铁卢之战的1815年，那么他可以通过数字与字母位置的对应，将1815这个年份重新编码为AHAE。尽管这仍然是个无意义的词，但对这个人来说可能要比数字本身有意义得多，例如他可以将AHAE看成是“A Historic Attack（in）Europe”（欧洲发生的一场历史性的进攻）的首字母缩写。当然，和所有记忆术一样，我们在使用这一方法时需要评估它能提供的潜在价值，看看是否值得投入时间和精力来获取和使用这种方法。

削减法与细化法也可以同时使用。比如，当我还是个医学院学生时，为了记忆颅神经的名称，我首先学会了用各条颅神经名称首字母的缩写（O、O、O、T、T、A、F、A、G、V、A、H）来进行记忆，随后，这一缩写又通过细化编码变成了一首低俗（而且非常好记！）打油诗。我写这本书的时候距离那时已将近25年了，但我仍可以清晰地记得那首打油诗，尽管我可能要费点功夫才能把它转译为原先的记忆材料（即12条颅神经的名称）。这个例子向我们展示了一些记忆术效果的持久性，但同时也指出一个潜在问题，即“记忆术编码”与原始材料可能发生脱节。所以，在有些记忆术中，原始内容可以被轻易检索到，而且只需要适当调整编码的结构和顺序即可，这样往往能产生最佳效果。

其他形式的熟知信息也可被用于辅助新的记忆。比如，懂音乐的人可能会把需要记住的词语填入熟知的旋律，从而强化对这些词语的记忆。许多学生都会使用这种方法来记住较为复杂的序列（例如生物化学过程），或是详尽错综的结构和概念框架（比如不同的神经解剖学结构之间的内部联系）。而那些对数字着迷的人则可能发现，成串的数字对他们而言意味着丰富的联想。这样的联想会被存储在长时记忆中，使得一长串数字可以被分段记忆，这比单独记忆一个个的数字要容易得多（当然，前提是需要被记住的数字串能够与那些已存储在长时记忆中的数字“段”关联起来）。例如，某些对数学感兴趣的人早已将圆周率的前四位3.142烙在了记忆中，那么以后他们就可以用这个信息来帮助记忆其他的数字串。

如何记住人名

正如我们在本书中所看到的，意义对于我们的记忆起着至关重要的作用。让我们想一想记忆人名的问题。觉得自己记性差的人经常会抱怨记忆人名特别困难。不过实际上，人们都不太善于记住新的名字。当别人介绍一个陌生人给我们认识时，我们的大脑往往正被另外的事情占据着（比如正在进行着的对话），因此我们常常没能留意那个人的名字。直到很久以后，我们大概才会用到或想起那个人的名字。到了那时，我们对这个名字的记忆通常也已经失效了。为了加强对名字的记忆，我们可以试着在与人初次认识时更专心些，并在交谈中立即复述对方的名字。

但是，记不住人的名字绝不仅仅是因为注意力不集中，或者很久之后才再次接触这个名字。科恩和福克纳在实验中向受试者呈现了一些虚构的人物信息，包括名字、出生地、职业和爱好。受试者接受记忆测试后，所有其他几项的成绩都比名字好。这是为什么呢？看来并不是因为名字是冷僻生字，因为研究中所用的许多人名同时也是常用的名词（例如波特、贝克、韦弗、库克[①]等）。研究者进行了系统实验，让受试者尝试记忆这类词语，但这些词有时候被作为人名来呈现，有时作为职业名称来呈现。值

---

① 原文为Potter、Baker、Weaver、Cook，作普通名词时分别意为陶工、面包师、织工、厨师。

得注意的是，同样的词语，当它们作为职业而非人名出现时，受试者明显能更好地记住。看来，一个木匠（carpenter）很显然要比一位卡彭特（Carpenter）先生更容易让人记住！

看起来，同时也是名词的那些名字，比其他名字更容易被记住。意义（语义）关联的缺失，或许可以部分地解释为何有些名字如此难记。科恩的研究也表明，拥有名词词意的名字（例如贝克）比那些相对不太具有实际意义的名字（例如斯诺德格拉斯）更容易被记住。不过在21世纪的今天，名字总是被看作没有意义的——请想想看，我们是否有时会吃惊地意识到，原来某人的名字同时也代表一种职业或一个事物。（比如最近的政治领袖撒切尔和布什[①]。）的确，我们都知道，关注某人名字的含义能够帮助我们记忆这个名字。此外，如果我们能将某人的外表和他的名字联系起来，尤其是当我们能在脑海中形成突出的视觉形象，这个人的名字就会变得更好记。如果我们看到一个名叫杰克的人长得很像我们所熟悉的那个叫杰克的演员，或者当我们遇到一个穿着考究的名叫泰勒的人，我们就能利用这些联系来增强我们对名字的记忆。

反思我们自己的记忆

元记忆是指我们对自身记忆的理解。我们能多准确地判断自己学习的效果？这是一个非常重要的问题，因为如果我们能够充分判断我们对所学材料的掌握程度，我们就能用这种判断来指导后续的学习计划，将更多时间花在掌握较差的材料上。

客观的实验结果又说明了什么呢？研究显示，如果我们在学

---

① 撒切尔原文Thatcher，作普通名词时意为盖屋匠；布什原文Bush，作普通名词时意为灌木丛。

习后立即对学习效果进行判断，预估自己后续的记忆表现，我们的判断往往是不准确的。而另一方面，如果我们在学习后间隔一段时间再进行上述判断，结果往往相对准确。一些其他研究也表明，在某些学习情境下，当人们对学习的时间进行规划分配，会更倾向于把重点放在他们熟悉或感兴趣的领域，而忽视那些更需要努力的方面。这说明，如果希望更有效地学习，我们需要能自律，需要系统地把时间规划、分配给需要消化吸收的学习内容。

拥有完美记忆力的人

幸福无非就是身体健康、记性不佳。

——阿尔伯特·史怀哲

人们常常希望自己拥有“完美的记忆力”。但是接下来这个故事会告诉我们，“能够”忘记事情也是一件好事。卢里亚在他的著作《记忆大师的心灵》（*The Mind of a Mnemonist*）中记述了舍列舍夫斯基（以下简称S）的故事。S拥有非常卓越的记忆力，并且大量地运用内心图像。他也体现出所谓的通感（synaesthesia）现象，即某些感官刺激会引发其他感官的体验。对于这样的人，听到某种声响有可能会唤起某种嗅觉，或者看到某一数字会唤起对某种颜色的视觉记忆。

S是在当记者的时候被初次发现拥有这样的特质的。他的编辑注意到，S特别善于记住在展开调查采访之前他所得到的指示。事实上，即使是对明显无意义的信息，S也几乎呈现出完美的记忆表现。无论他收到的任务指示有多复杂，他都似乎根本不需要记笔记，而且能几乎一字不差地复述所有他被告知的内容。

S自己以为这种能力是理所当然的，但他的编辑说服他去见一位心理学家，也就是卢里亚，并进行了一些测试。卢里亚设计了一系列难度递增的记忆任务，内容包括超过100位的数字、冗长而无意义的音节、用他不懂的语言所写的诗歌、复杂的图形和精细的科学公式。S不仅能完美地回忆出这些信息，还能用倒序来复诵。甚至几年之后，他仍能回忆起这些信息。

S的出众记忆力的奥秘似乎在于，他能够不费吹灰之力便建立大量有感染力的视觉联想或其他感官联想，这或许与他的通感能力有关。这意味着，对于其他人而言是枯燥空洞的信息，对S来说却能创造出生动的多重感官体验，不仅仅是视觉上的，还可以是听觉的、触觉的和嗅觉的。因此，S能够用丰富详细的形式对任何信息进行重新编码，并牢牢记住它们。

有人可能会想，拥有像S这样完美的记忆力该是多么美妙。但实际上，遗忘通常具有相当的适应性，一般来说我们会记住那些对我们而言是重要的信息，而那些不太重要的信息会在我们的记忆中逐渐消退。因此，一般而言，我们的记忆更像是一个筛子或者过滤机制，这样一来我们肯定不可能记住所有的一切。相反，S却能够记住几乎所有事情，因此他的生活有些凄惨。S的最大痛苦在于，新来的信息（比如别人闲谈的话语）会在他的脑海中引发一系列无穷无尽的联想，仿佛失去控制的火车，完全分散了他的注意力。最后，S甚至都无法与他人进行交谈，更不要说继续从事记者的工作了。

不过，S的确成为了一名职业的记忆专家，曾在台上演示他那超乎寻常的记忆技巧，并以此谋生。但他苦于无法忘记那些在表演过程中记住的抽象信息。他的记忆中充斥着各种支离破碎的无用信息，他想忘记却无能为力。

复习迎考时的学习建议

记忆十分有赖于我们思维的明晰、规律和条理。许多人抱怨自己的记忆不好，但其实问题在于判断能力不足。而还有一些人，总是想要记住所有的一切，最终却无法在脑海中留存哪怕一点点。

——托马斯·富勒

- 选择一个没有太多干扰的工作环境，这样你可以专注于目标信息而非周遭的纷纷扰扰。（想一想本章前文所说的，集中注意力以及正确恰当编码对之后记忆表现的重要性。）尽管如此，人们往往发现音乐可以帮助营造一个适合学习的轻松环境。在这种情况下，熟悉的音乐比新曲子更有帮助，因为陌生的音乐更可能会导致分心。此外，要尽量主动地对信息进行编码，例如在阅读教科书时，可以想象一下你在对作者追问其中的内容。还要试着将新信息与已有的知识联系在一起。

- 要思考你所学习的领域内各种概念、事实和原理之间的内部关联。这不仅可以帮助你在备考过程中更好地学习知识，也能促使你在考试中更好地答题。

- 要广泛思考你所学的内容，试着将它们应用到日常生活中，比如它们是否能帮助解决你个人遇到过的问题。

- 尽可能地将新材料与你自己的兴趣点联系起来，尽量在两者之间建立丰富而细致的联系。这样在考试环境中你就能更好地回忆出这些内容。

- 与上一条相关，要**主动**学习，而不是**被动**学习。人们常说，学习一门学科的最好途径就是去教这门课。因为如果要将知识传授给别人，自己就需要能够将信息重新阐述出来，不仅仅是被动地回忆，还需要完全地理解。换言之，不要因为知道了正确答案就忙不迭地去学习其他的内容，要能够自发地在没有提示的情况下说出答案，并且能够向自己或者别人透彻地复述这些材料。（在这方面，与其他同学组成学习小组会很有帮助。）

- 信息整理的作用体现在两个方面：通过整理学过的知识，你在回忆其中部分信息时，可以唤醒对整体知识的记忆；同时，因为在新的知识和已有的知识之间建立了联系，新的材料也变得更容易理解。

- 练习也很重要。谁都无法完全地回避"总时间假说"，也就是说，当其他的条件都一致，你所学内容的多少取决于你练习时间的多少。无论你学习的是事实、理论、舞蹈动作，还是一门外语，这个规律都是适用的。然而，正如我们在本章前文所看到的，如果我们将所有练习都集中在一个马拉松式的学习过程中（例如考试前的"临时抱佛脚"），这样做的效率不会高。好的学习方式是积少成多，每一次不学太多的内容，但重复很多次（可以利用诸如"间隔提取"之类的技巧）。

- 好好利用生活中的碎片时间。比如当你等车的时候，就可以充分利用这段时间记忆一些学习材料。可以将笔记摘要记在卡片上，或者记在笔记本电脑、掌上电脑、手机里，通过这些笔记进行联想，在脑海中建立内容脉络，从而不断唤醒自己对于这些材料的记忆。

- 根据实验研究结果，布兰斯福德和他的同事们重点强调了"迁移适当加工"或"编码特定性"的重要性（参见第三章)。这一原则指出,学习任务中最重要的一点在于如何将知识“迁移”到测试环境中。因此,大家应该尽量创造一个与考试环境相似的学习环境,在这样的环境中学习可以优化之后的记忆表现。

- 与此相关的是,不要在疲劳时学习。你在考试时的身心状态大概会是什么样,你就要尽量在类似的状态下学习(比如,坐在一张空无一物的桌子旁)。比起疲乏的时候,你在头脑清醒的状态下能更好地记住知识,也能用更丰富的方式对信息进行编码。

- 与保持身心状态相关的是,我们在第三章中已经了解到,语境与状态的变更有可能给记忆带来负面影响。事实上,如果想要更好地回忆信息,有时可以尝试在脑海中重建当初学习时的语境和状态(比如通过内心图像)。

- 最后,同样十分重要的是,请考虑使用视觉图像或者记忆术(比如本章所介绍的几种技术)来增强你的记忆。

- 总而言之,好的记忆力需要注意力集中,需要动机强烈,需要对信息主动进行组织和整理,而这些又有赖于个人的兴趣。

最后的一些想法

在我们每一天的生活中,记忆都扮演了至关重要的角色。的确如此,如果没有了记忆,我们的许多其他能力(如语言能力、对熟悉事物的辨认,或者对社会关系的维系)都无法再发挥作用。读完本书之后你应该能清楚地理解,记忆实际上代表了一系列的能力，而不是一种孤立的能力。我们在日常对话中习惯于用单数形式指称记忆，其实这一倾向是不对的。

不仅如此，记忆并不是一个被动的容器，它也不一定是对我们生活事件的忠实记录，它实际上是一个**主动筛选**的过程，这有利有弊，如同一枚硬币的两面。人类的记忆很容易出错，我们在这本书中已经就此探讨了不少。同时，我们的记忆更倾向于记录我们生活中重要的事件。由此，我们或许可以总结出记忆的七种重要特点：

1. 记忆对人们很重要，它在理解、学习、社会关系以及生活的许多其他方面都发挥着作用。

2. 只要过去的事件或信息在之后的任何时间对某人的思想、感情或行为产生了影响，就意味着人们对这些过往事件或信息存有记忆。（人们并不需要知道自己记住了过往的事件，甚至可能从未意识到事件的发生，人们也无须具有想要记住这些事的意愿，但记忆仍然在这样的情况下发挥作用。）

3. 记忆可以通过以下方式体现出来：自由回忆、线索回忆、再认、熟悉，以及包括启动效应或身体动作在内的种种行为变化。

4. 记忆似乎涉及不止一个系统或一种过程。实验证据表明，不同类型的记忆受特定的操控和变量的影响是不一样的。

5. 研究记忆是很困难的事，我们必须通过可观察到的行为来进行推断。

6. 记忆并不是对过往事件的忠实复制。事件是在发生的过程中由当事人构建起来的，而回忆则涉及对事件或信息的重新构建。

7. 心理学家已经帮助我们更好地理解了许多能影响记忆的变量，但仍有许多需要继续探索。尽管如此，我们每个人都可以更聪明地使用自己的记忆。我们要做的就是使用有效的记忆策略，找到正确的努力方向，从而更好地学习和记忆信息。

索 引

（条目后的数字为原文页码）

A

B

C

D

E

F

H

I

L

M

P

R

S

T

Jonathan K. Foster

MEMORY

A Very Short Introduction

Contents

List of illustrations

The publisher and the author apologize for any errors or omissions in the above list. If contacted they will be pleased to rectify these at the earliest opportunity.

Chapter 1
You are your memory

> There seems something more speakingly incomprehensible in the powers, the failures, the inequalities of memory, than in any other of our intelligences.
>
> Jane Austen

This chapter will emphasize how important memory is for virtually everything that we do. Without it, we would be unable to speak, read, identify objects, navigate our way around our environment, or maintain personal relationships. To illustrate this point, some anecdotal observations and considerations of memory will be offered, together with observations made by important thinkers in other, related fields such as literature and philosophy. We then consider a brief history of systematic, scientific investigations into memory, which began with Ebbinghaus in the late 19th century and then progressed via Bartlett in the 1930s to controlled, group-based experimental research conducted in the context of recent information-processing models of memory. We conclude by considering how we study memory today, and the principles of good design in contemporary memory research.

The importance of memory

> Why should this absolutely God-given faculty retain so much better the events of yesterday than those of last year, and, best of all, those of an hour ago? Why, again, in old age should its grasp of childhood's events seem firmest? Why should repeating an experience strengthen our recollection of it? Why should drugs, fevers, asphyxia, and excitement resuscitate things long since forgotten? . . . such peculiarities seem quite fantastic; and might, for aught we can see *a priori*, be the precise opposites of what they are. Evidently, then, the faculty does not exist absolutely, but works under conditions; and the quest of the conditions becomes the psychologist's most interesting task.
>
> William James (1890), quoted in *Principles of Psychology*, i. 3

In the quote above, William James mentions some of the many intriguing aspects of memory. In this chapter, we will touch on some of its fascinating features. However, in a chapter of this length and scope we will, of course, only really be able to scratch the surface of what has been one of the most thoroughly researched areas of psychological enquiry.

The reason for the range of work that has been conducted into the questions of what, why, and how we remember should be apparent: memory is a key psychological process. As stated by the eminent cognitive neuroscientist Michel Gazzaniga: 'Everything in life is memory, save for the thin edge of the present'. Memory allows us to recall birthdays, holidays, and other significant events that may have taken place hours, days, months, or even many years ago. Our memories are personal and 'internal', yet without memory we wouldn't be able to undertake 'external' acts – such as holding a conversation, recognizing our friends' faces, remembering appointments, acting on new ideas, succeeding at work, or even learning to walk.

Memory in everyday life

Memory is far more than simply bringing to mind information encountered at some previous time. Whenever the experience of some past event influences someone at a later time, the influence of the previous experience is a reflection of memory for that past event.

The vagaries of memory can be illustrated by the following example. Without doubt, you have seen thousands of coins in your lifetime. But let us reflect on how well you can remember a typical coin that you may have in your pocket. Without looking at it, take a few minutes to try to draw a coin of a particular denomination from memory. Now compare your drawing with the coin itself. How accurate was your memory for the coin? For instance, was the head facing the correct way? How many of the words (if any!) from the coin did you recall? Did you place these words correctly?

Systematic studies were conducted into this very topic in the 1970s and 1980s. Researchers found that, in fact, most people have very poor memories for very familiar things – like coins. This represents a type of memory which we tend to take for granted (but which – in a sense – doesn't really exist!). Try it with other familiar objects in your environment, such as stamps, or try to remember the details of clothes that other people in your workplace or with whom you frequently socialize typically wear. The key point here is that we tend to remember the information that is most salient and useful for us. For instance, we may be much better at recalling the typical size, dimensions or colour of coins than the direction of the head or the text on the coin, because the size, dimensions or colour may well be more relevant for us when we are using money (i.e. for the primary purpose of payment and exchange for which money was devised). And when remembering people, we will typically recall their faces and other distinguishing features that remain relatively invariant (and are, therefore, most useful in identifying them), rather than items which may change (such as individuals' clothing).

Instead of thinking of coins and clothing, it is perhaps more straightforward for most people to consider the role of memory in the case of a student who i) attends a lecture, and ii) later brings to mind successfully what was taught in the lecture in the examination hall. This is the type of 'memory' that we are all familiar with from our own school days. But it may be less obvious that memory may still play an effective role for the student, even when the person does not 'remember' the lecture or the information *per se*, but instead uses information from the lecture more generally (i.e. possibly without thinking about the lecture itself – or recalling the specific information that was presented in that context; this is termed *episodic memory*).

In the case of the student's more general use of the information presented in the lecture, we refer to this information as having entered *semantic memory*, which is broadly analogous with what we also refer to as 'general knowledge'. Furthermore, if that student later develops an interest (or a marked disinterest) in the topic of the lecture, this interest may itself reflect memory for the earlier lecture, even though the student might not be able to recall consciously having ever attended a lecture on the topic in question.

Similarly, memory plays a role whether or not we intend to learn. In fact, comparatively little of our time is spent trying to 'record' events for later remembering, as in formal study. By contrast, most of the time we are simply getting on with our everyday lives. But if, in this everyday life, something salient happens (which, in our evolutionary past as *homo sapiens*, may well have been associated with threat or reward), then established physiological and psychological processes kick in, and we usually remember these events quite well. For example, most of us have had the experience

1. **Our memory for very familiar objects – like coins – is typically considerably worse than we believe to be the case**

of forgetting where we left our car in a large car park. But if we have an accident and damage our car and/or the car of our neighbour in the car park, then specific 'fight, fright or flight' mechanisms are initiated, ensuring that we typically remember such events (and the location of our car) very well!

So memory is not, in fact, dependent upon an intention to remember events. Furthermore, past events only have to influence our *thoughts*, *feelings*, or *behaviour* (as we considered with the earlier example of the student attending the lecture) for this to provide sufficient evidence of our memory for these events. Memory also plays a role regardless of our intention to retrieve or utilize past events. Many of the influences of past events are unintended, and may 'pop into mind' unexpectedly. Retrieval of information may even run counter to our intentions, as shown in work conducted by researchers over the past several decades. This issue has become very topical of late in the context of phenomena such as the retrieval of post-traumatic memories.

Models and mechanisms of memory

There have been many different models of how memory works, going right back into classical times. For example, Plato regarded memory as being like a wax tablet, on which impressions would be made or *encoded*, and subsequently *stored*, so that we could return to and *retrieve* these impressions (i.e. memories) at a later time. This tripartite distinction between *encoding*, *storage* and *retrieval* has persisted among scientific investigators to the present day. Other philosophers in classical times likened memories to birds in an aviary or to books in a library, underlining the difficulties of retrieving information after it had been stored – that is, catching the right bird or locating the right book.

Contemporary theorists have come to appreciate that memory is a *selective* and *interpretive* process. In other words, there is more to memory than just the passive storage of information.

2. Bird in an aviary – retrieving the correct memory has sometimes been compared to catching the correct bird in an aviary full of birds

Furthermore, after learning and storing new information, we can select, interpret and integrate one thing with another – so as to make better use of what we learn and remember. This is likely to be one reason why chess experts find it easier to remember the position of pieces on a chess board, and why football fans find it easier to remember each of the football scores at the weekend, i.e. thanks to their extensive knowledge and the interconnections between different elements of this knowledge.

At the same time, our memory is far from perfect. As encapsulated by the writer and philosopher C. S. Lewis:

> Five senses; an incurably abstract intellect; a haphazardly selective memory; a set of preconceptions and assumptions so numerous that I can never examine more than minority of them – never become conscious of them all. How much of total reality can such an apparatus let through?

Yet, there are things that we need to remember in order to function effectively in the world, and other things that we do not need to remember. As we have already noted, the things that we need to remember often have evolutionary significance: in situations of 'threat' or 'reward' (either actual or perceived), cognitive and brain mechanisms are invoked that help us to remember better.

Thinking along these lines has led many contemporary researchers to regard the *mechanisms underlying memory as being best characterized as a dynamic activity* or *process* rather than as a *static entity* or *thing*.

The Ebbinghaus tradition

Although personal observations and anecdotes about memory can be illuminating and entertaining, they often originate from a specific experience of a given individual. It is therefore open to question to what degree they are a) objectively 'real' and b) can be generalized universally, to all individuals. Systematic scientific research can offer unique insight into these issues. Some of the classic systematic research in memory and forgetting was conducted in the late 19th century by Hermann Ebbinghaus. Ebbinghaus taught himself 169 separate lists of 13 nonsense syllables. Each syllable comprised a 'meaningless' consonant-vowel-consonant trigram (e.g. PEL). Ebbinghaus relearned each of these lists after an interval ranging from 21 minutes to 31 days. He was especially interested in the extent to which forgetting had occurred over this time period, using the 'savings score' (i.e. how much time it took him to relearn the list) as a measure of how much he had forgotten.

Ebbinghaus noted that the rate of forgetting was roughly exponential: that is, forgetting is rapid at first (soon after the material has been learned), but the rate at which information is forgotten gradually decreases. So the rate of forgetting is logarithmic rather than linear. This observation has stood the test of time well, and has been shown to apply across a range of different materials and learning conditions. So, if you stop studying the French language after you leave school, in the first 12 months you will show a rapid decline in your French vocabulary. But the rate at which you forget this vocabulary will gradually slow down over time. So that, if you study French again five or ten years later, you might be surprised at how much you have actually retained (compared with how much you remembered a few years earlier).

Another interesting feature of memory noted by Ebbinghaus is that, having 'lost' information such as some of your French vocabulary, you can relearn this information much faster than someone who has never learned French in the first place (i.e. the concept of 'savings'). This finding implies that there must be a residual trace of this 'lost' information in your brain. This point also attests to the important issue regarding *conscious* versus *unconscious* knowledge that we will consider in later chapters: we are obviously not conscious of this 'lost' French vocabulary, but the research findings regarding this preserved information indicate that there must be some retention of the memory record at an unconscious level. A closely related point is made by the eminent psychologist B.F. Skinner when he writes that

'Education is what survives when what has been learnt has been forgotten.' We might add '...consciously forgotten but retained in some other residual form'.

Ebbinghaus' classic work in the field, *On Memory*, was published in 1885. This work encompasses Ebbinghaus' many enduring contributions to memory research, including the nonsense syllable, the identification of exponential forgetting and the concept of savings (plus the several memory problems Ebbinghaus worked on systematically in his research, such as the effects of repetition, the shape of the forgetting curve, and the comparison of poetry and nonsense-syllable learning). The great advantage of the experimental methodology practised by Ebbinghaus is that it controls for a lot of extraneous (and potentially distorting) factors that may influence memory. Ebbinghaus described his nonsense syllables as being 'uniformly unassociated' – which he regarded as

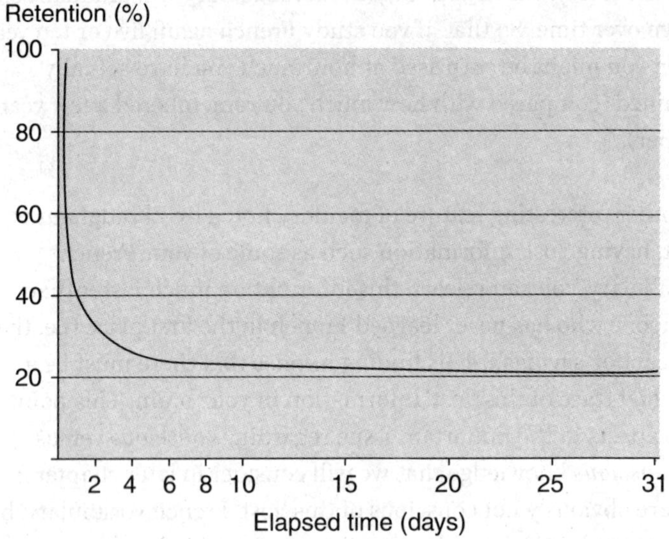

3. Ebbinghaus noted that the rate of forgetting for the consonant-vowel-consonant trigrams that he taught himself was roughly exponential (i.e. forgetting was rapid at first, but the rate at which information was forgotten gradually decreased)

a strength of his approach. But he could be criticized for failing to use more meaningful memory materials. Some workers in the field have argued that Ebbinghaus' approach tends to oversimplify memory, reducing its subtleties to a series of artificial, mathematical components. The risk from such an approach is that – although we are employing scientific rigour, and are able to partition the mechanisms of memory into tractable chunks – we may be eliminating those very aspects of human memory that are most intrinsic to (and definitive of) the way our memory functions in everyday life. An important question therefore concerns the following: to what extent are Ebbinghaus' findings generalizable to human memory as a whole?

The Bartlett tradition

The second great tradition in memory research is exemplified by the work of Frederick Bartlett, conducted in the first half of the 20th century – i.e. several decades after Ebbinghaus. In his book *Remembering*, published in 1932, Bartlett challenged the Ebbinghaus tradition, which at the time was pre-eminent in the field. Bartlett argued that the study of nonsense syllables doesn't tell us much about the way human memory operates in the real world. He raised an important question: how many people spend their lives remembering nonsense syllables? In contrast to Ebbinghaus, who tried to eliminate meaning from his test materials, Bartlett focused on the very opposite – meaningful materials (more specifically, materials on which we try to impose some meaning). These materials were learned and remembered by Bartlett's participants under relatively naturalistic conditions. Indeed, it appears to be a fundamental element of the 'human condition' that, in our natural state, we do typically seek to impose meaning upon events taking place in our environment. This principle is underscored by much of Bartlett's work. For example, in some of Bartlett's most influential studies, subjects were asked to read a story to themselves (the most famous story being 'The War of the Ghosts'); they then tried to recall the story later.

Bartlett found that individuals recalled each story in their own idiosyncratic way, but he also discovered some general trends among his findings:

- the stories tended to become shorter when they were remembered;
- the stories also became more coherent: i.e. people seemed to make sense of unfamiliar material by linking this material to their pre-existing ideas, general knowledge and cultural expectations;
- the changes people made when remembering a story tended to be associated with the reactions and emotions they experienced when they first heard it.

Bartlett argued that what people remember is, to some extent, mediated by their emotional and personal commitment to – and investment in – the original to-be-remembered event. In Bartlett's own words, memory retains 'a little outstanding detail', while the remainder of what we remember represents an elaboration that is merely influenced by the original event. Bartlett referred to this key characteristic of memory as 'reconstructive', as opposed to 'reproductive'. In other words, instead of *reproducing* the original event or story, we derive a *reconstruction* based on our existing presuppositions, expectations and our 'mental set'.

As an example, think of the way two people supporting two different countries (England and Germany) report the events in a football match they have just watched (the England football team playing against Germany's football team). The same objective events took place on the playing field, but the England supporter will most likely report the events in a markedly different way from the supporter of the German team. And when two people see the same film, their reported memories of the film will be similar, but there will typically be significant differences as well. Why might their reports be different? This will depend on their interests, motivations and emotional reaction – how they apprehend the presented narrative. Likewise, someone who voted for the current government in the last general election may well remember events pertaining to a major national event (a war, for instance) in quite a different way from someone who voted for the current opposition party. (These examples also hint at the manner in which social factors – including stereotypes – can influence our memory of events.)

There is, therefore, a crucial difference in the approach to memory that was taken by Ebbinghaus and Bartlett. The essence of Bartlett's argument is that people attempt to impose meaning on what they observe in the world, and that this influences their memory for events. This may not be important in a laboratory experiment using relatively abstract, meaningless materials, such as the nonsense syllables employed by Ebbinghaus. But Bartlett argued that, in a more naturalistic setting, this *effort after meaning* is one of the most significant features of the way our memory works in the real world.

Constructing memory

As we have seen from the work of Bartlett, memory is not a veridical copy of the world, unlike a DVD or video recording. It is perhaps more helpful to think of memory as an influence of the world on the individual. Indeed, a *constructivist approach* describes memory as the combined influences of the world and the person's own ideas and expectations. For example, the experience of each person while they are watching a film will be somewhat different because they are different individuals, drawing upon different personal pasts, and with different values, thoughts, goals, feelings, expectations, moods and past experiences. They might have been seated next to one another in the cinema, but in an important sense they actually experienced subjectively different films. So an event, as it occurs, is constructed by the person who experienced it. This construction is greatly influenced by the memory 'event' (in this case, the film screening), but it is also a product of each person's individual characteristics and personal idiosyncrasies (all of which play a substantial role in how the event is experienced, *encoded* and subsequently *stored*).

Later, when we come to try to remember that event, some parts of the film come readily to mind, whereas other parts we may re-construct – based on the parts that we remember and on what we know or believe must have happened. (The latter is likely to be predicated on our inferential processes about the world, combined with the elements of the film that we recall.) In fact, we are so good at this sort of re-construction (or 'filling in the gaps') that we are often consciously unaware that it has happened. This seems especially likely to happen when a memory is told and retold, with different influences present at each time of retrieval (see the reference to Bartlett's techniques of serial and repeated reproduction cited in the box on page 15). In such situations, the 're-constructed' memory often seems as real as the 'recollected' memory. This is an especially worrying consideration when we reflect on the degree to which people can feel that they are 'remembering' crucial features of a witnessed murder or a personally experienced childhood assault, when – instead – they may be 're-constructing' these events and filling in missing information based on their general knowledge of the world (see Chapter 4).

In the light of these considerations, the act of remembering has been likened to the task of a paleontologist who constructs a dinosaur from an incomplete set of bones, but who possesses a great deal of general knowledge about dinosaurs. In this analogy, the past event leaves us with access to an incomplete set of bones (with occasional 'foreign' bones that are not derived from the past event at all). Our knowledge of the world then influences our efforts to re-assemble those bones into something that resembles the past episode. The memory that we assemble may contain some actual elements of the past (i.e. some real bones), but – taken as a whole – it is an imperfect re-construction of the past located in the present.

The War of the Ghosts

When Bartlett followed Ebbinghaus's lead and tried to carry out further experiments using nonsense syllables, the result was, so he reported, 'disappointment and a growing dissatisfaction'. Instead, he chose to work with ordinary prose material that 'would prove interesting in itself' – the kind of material that Ebbinghaus had, in fact, rejected.

Bartlett used two basic methods in his experiments: *Serial reproduction*, similar to the game of 'Chinese Whispers'. One person passes some information to a second person, who then passes the same information to a third, and so on. The 'story' that reaches the final person in the group is then compared with the original.

Repeated reproduction is where someone is asked to repeat the same piece of information at certain intervals (from 15 minutes to a few years) after first learning it.

The most famous piece of prose Bartlett used to investigate recall is a North American folktale called *The War of the Ghosts*:

> One night two young men from Egulac went down to the river to hunt seals, and while they were there it became foggy and calm. Then they heard war cries, and they thought: 'Maybe this is a war-party.' They escaped to the shore, and hid behind a log. Now canoes came up, and they heard the noise of paddles, and saw one canoe coming up to them. There were five men in the canoe, and they said:
>
> 'What do you think? We wish to take you along. We are going up the river to make war on the people.' One of the young men said: 'I have no arrows.' 'Arrows are in the canoe,' they said. 'I will not go along. I might be killed. My relatives do not know where I have gone. But you,' he said, turning to the other, 'may go with

them.' So one of the young men went, but the other returned home.

And the warriors went on up the river to a town on the other side of Kalama. The people came down to the water, and they began to fight, and many were killed. But presently the young man heard one of the warriors say: 'Quick, let us go home: that Indian has been hit.' Now he thought: 'Oh, they are ghosts.' He did not feel sick, but they said he had been shot.

So the canoes went back to Egulac, and the young man went ashore to his house, and made a fire. And he told everybody and said: 'Behold I accompanied the ghosts, and we went to fight. Many of our fellows were killed, and many of those who attacked us were killed. They said I was hit, and I did not feel sick.'

He told it all, and then he became quiet. When the sun rose he fell down. Something black came out of his mouth. His face became contorted. The people jumped up and cried. He was dead.

Bartlett chose this story because it does not relate to the English narrative culture of his participants, and appears to be disjointed and somewhat incoherent to Anglo-Saxon ears. Bartlett anticipated that these features of the story would exaggerate the transformation as his participants attempted to reproduce it.

As an example, here is one attempt by someone repeating the story for the fourth time, this time several months after first hearing it:

Two youths went down to the river to hunt for seals. They were hiding behind a rock when a boat with some warriors in it came up to them. The warriors, however, said they were friends, and invited them to help them to fight an enemy over the river. The elder one said he could not go because his relations would be so anxious if he did not return home. So the younger one went with the warriors in the boat.

In the evening he returned and told his friends that he had been fighting in a great battle, and that many were slain on both sides. After lighting a fire he retired to sleep. In the morning, when the sun rose, he fell ill, and his neighbours came to see him. He had told them that he had been wounded in the battle but had felt no pain then. But soon he became worse. He writhed and shrieked and fell to the ground dead. Something black came out of his mouth. The neighbours said he must have been at war with the ghosts.

From his experiments, Bartlett concluded that people tend to rationalize material that they are remembering. In other words, they try to make it easier to understand the material, and modify it into something they feel more comfortable with. Bartlett's own description of what was happening is as follows:

> Remembering is not the re-excitation of innumerable fixed, lifeless and fragmentary traces. It is an imaginative reconstruction, or construction, built out of the relation of our attitude towards a whole active mass of organised past reactions or experience, and to a little outstanding detail which commonly appears in image or in language form. It is thus hardly ever really exact, even in the most rudimentary cases of rote recapitulation ...

In this context, it is perhaps not surprising that people often find their memories to be somewhat unreliable, or that the accounts of two different people who have observed the same event may be somewhat different.

After considering two of the most influential figures in experimental memory research, we now turn to a consideration of more contemporary methods and findings.

How we study memory today

Memory can be studied in many ways and in many situations. It can be manipulated and studied in the 'real world'. However, most objective research on the topic of memory conducted to date has comprised experimental work, in which different manipulations are compared under controlled conditions (typically, in a laboratory setting) involving a set of to-be-remembered words or other similar materials. The manipulation might include any variable that is expected to influence memory, such as the nature of the material (e.g. visual vs. verbal stimuli), the familiarity of the material, the degree of similarity between study and test conditions, and the level of motivation to learn. Traditionally, experimental researchers have studied memory for the following types of stimuli: lists of words, non-word stimuli such as those used by Ebbinghaus, and other commonly available materials such as numbers or pictures (other sorts of materials have been used too; including texts, stories, poems, appointments and life events).

Over recent decades, much of the empirical research into memory that has been conducted has typically been interpreted in the context of information processing and computer models of memory that were adopted by most experimentalists after the Second World War. Within this framework, the functional properties underlying human memory (and other aspects of cognitive functioning) are considered broadly to reflect the type of information processing embodied by the modern computer. (Note that this metaphor typically refers to the functional properties or *software* of the computer, rather than to its *hardware*.) More recent research studies typically involve larger numbers of participants than were tested in the earlier work conducted by Ebbinghaus and Bartlett – who often focused on detailed examination of individual cases (including – in Ebbinghaus' case – himself!). Findings from group studies can be analysed using powerful inferential statistical techniques which enable us to interpret objectively the size and significance of the findings obtained.

Observation and inference: Memory research in the modern era

Memory is evident to the degree that an event influences later behaviour. But how can we know whether the later behaviour was influenced by the past event? In the final section of this chapter, we consider some of the techniques used by contemporary memory researchers.

Try this: write down the first 15 items of furniture that come to mind. Then compare your list to that on page 23. There are probably several matches. If you had studied a list of items of furniture names, and you had later been asked to remember them, could it be logically inferred that your listing of a given furniture item was directly attributable to your memory for the items on the previously presented list? This is not a valid inference: some items you might consciously recall as being from the previous list, other items you might think of due to an indirect or unconscious influence from studying the previous list, while some items you might think of just because they are items of furniture (i.e. not as a result of studying the word list at all). So it cannot necessarily be concluded that the number of matches between your list and the study list is a good measure of your memory for the list (because the matches might occur for any of the reasons mentioned in the last sentence).

This demonstration with the furniture list captures an important issue in memory research. As we have already noted, memory is not observed directly (unlike, say, a thunderstorm or a chemical reaction) – rather, it is inferred from a change in behaviour, typically measured via an observed change in performance on a task that is designed to measure memory. But performance on such a task will be influenced by other factors (such as one's motivation, interest, general knowledge, and associated reasoning processes), as well as being influenced by one's memory for the original event. So it is very important to be careful about what is i) *observed* (typically influenced by factors other than memory *per se*) and what is ii) *inferred* when conducting systematic research into the functional properties of memory.

To address this problem, memory research is typically conducted by comparing different groups of participants (or different manipulations of memory), organized such that the 'past event' or manipulation occurs for one group, but not for the others. The groups of participants are chosen so as to be equivalent (or at least very similar) on all potentially relevant dimensions; for example, groups will typically not differ in age, education or intelligence. This type of research design is the basis for most (if not all) of the material discussed in this book. The logical sequence is as follows: because the only known, relevant difference between groups of participants is the presence or absence of the memory event or manipulation, differences observed between groups at a later time are then assumed to reflect memory for that event. But it is important to note that this is an assumption (albeit, typically, a reasonable one); furthermore, it is essential to determine that there are no other differences between the groups of individuals being evaluated that could affect the outcome of the memory investigation.

Here is one such example of this approach, taken from the systematic investigation of the proposed phenomenon of 'sleep learning'. Suppose that you played tapes of information to yourself in your sleep, with the hope or expectation that you would remember the information later. How would you evaluate if these tapes were effective? To answer the question, you might present some information to people while they are sleep, then wake them up, and observe whether their subsequent behaviour reflected any memory for the information that was presented to them while they were asleep. Wood, Bootzin, Kihlstrom, and Schacter conducted an experiment that did this. While people slept, these researchers read out pairs of category names and member names (e.g. 'a metal: gold'). Each pair of *category: item* word pairs was repeated several times. After ten minutes, the participants in the study who had been asleep during stimulus presentation were woken up, and asked to generate exemplars from named categories (such as metals) as they came to mind. The assumption underlying this study was that, if participants remembered having the words read to them while they slept, then they would be more likely to include gold in the list of metal names that they subsequently generated.

However (as per the considerations that were mentioned previously), to make a valid inference about the remembered information, it is clearly not enough to observe how often exemplars that had been presented while the participants were asleep appeared in the subsequently generated lists. For example, many people – when asked to think of metals – would include gold, even without it having been previously read to them while they slept. According to the principles of good research design mentioned earlier, researchers can overcome this type of problem by examining the difference between the performance of a matched group or comparison condition with that of an experimental group or condition.

In their study, Wood and colleagues made two comparisons. The first comparison was between groups: some participants were awake while the word pairs were read to them, while some were asleep. Because matched participants were randomly assigned to the 'sleep' or 'awake' groups, comparing how often the target words appeared in each of these two groups showed whether people were more influenced by i) presentations while they were awake or by ii) presentations while they were asleep. Indeed, in this study people who were awake during the paired presentations were more than twice as likely to report the target exemplars, compared with people who had slept during the paired presentations. This particular comparison shows (perhaps unsurprisingly) that learning while awake is better than learning while asleep. However, note that this comparison does not rule out the possibility that the memory performance of those who had slept was beneficially influenced by the previous paired presentations of *category: item* words.

The researchers therefore made another important comparison, which involved repeating their measures quite cleverly. There were actually two different lists of word pairs used in the study – one list included 'a metal: gold' while the other list included 'a flower: pansy'. Each participant was read only one of the lists of paired words while asleep, but *all* participants were tested on *both* category lists after being woken. This procedure allowed the experimenters to compare how often people, after being woken, produced category exemplars that had been read to them compared to exemplars that had not been read to them. In other words, multiple observations were made for each participant in the study, and then compared.

When this comparison was made in those individual who had heard some of the *category: item* pairs while they were asleep, the findings indicated that there was no real difference between individuals' subsequent reports of key category exemplars a) when the exemplars had previously been read to them compared with b) when the exemplars had not been read to them. By contrast, if people were awake during word presentation, an analogous comparison between a) and b) showed that the presentations of the lists had a significant effect on subsequent memory for the key exemplars.

Summary

We have noted in this chapter that memory is essential for virtually everything that we do. Without it, we would be unable to speak, read, navigate our way around our environment, identify objects or maintain interpersonal relationships. Although personal observations and anecdotes about memory can be illuminating and entertaining, they often originate from a specific experience of a given individual. It is therefore questionable to what degree such observations can be generalized universally, i.e. to all individuals. We have seen from the work of Ebbinghaus and Bartlett how systematic research can provide crucial insight into the functional properties of human memory. More recently, it has been possible to analyse the functional properties underlying memory systematically using powerful observational and statistical techniques that enable us to interpret the size and significance of findings obtained from carefully controlled experiments. The following chapters of this book will consider some of the most salient findings obtained from such studies. As we will see, it is more accurate to regard our memory as an *activity* rather than as a *thing*. Furthermore, one of the most important aspects of recent scientific discoveries is that, rather than being perceived as a single entity ('my memory' this … or 'my memory' that …), we now know that memory represents a collection of several different capacities. This issue will be addressed further in Chapter 2.

Furniture list (from page 19)

Chair	**Wardrobe**
Table	**Bookcase**
Stool	**Desk**
Cupboard	**Cabinet**
Bed	**Closet**
Sofa	**Chest**

Chapter 2
Mapping memories

This section of the book will consider the central question of how memory systems operate, and how different functional memory components may be defined. The central point will be made that any memory system, whether it be the human brain (sometimes referred to as the 'most complex system in the known universe'), the hard disk of a PC, a video recorder, or a humble office filing cabinet, needs to be able to i) encode, ii) store, and iii) retrieve information effectively if it is to function well as a memory system. Memory can fail if there are difficulties with any of these three processes. Having discussed this point, I will next turn to a consideration of the ways in which different component processes within memory have been defined. I here argue that our personal impressions of having either a good memory or a poor memory (in the singular) are incorrect. By contrast, much research conducted over the past 100 years in both healthy participants and in brain injured clinical patients has illustrated the manner in which memory separates into multiple, distinct components. The key distinction between a) short-term and b) long-term memory (often misunderstood both by clinicians and by the lay community alike) will be made using appropriate analogies. Different functional elements within short-term and long-term memory will then be considered. This chapter will provide a conceptual framework within which much of the material presented in the remainder of this book can be understood.

The logic of memory: encoding, storage, and retrieval

There's rosemary, that's for remembrance; pray, love, remember

Shakespeare, Hamlet

Any effective memory system – whether it's an audio- or videocassette recorder, the hard disk of your computer or even a simple filing cabinet – needs to do three things well. It has to be able to:

1. *encode* (i.e. take in or acquire) information,
2. *store* or retain that information faithfully and, in the case of long-term memory, over a significant period of time,
3. *retrieve* or access that stored information.

So, using the filing cabinet analogy, first you file a document in a particular location. The document is then held in that location, and when you need it you go to retrieve it from the filing cabinet. But unless you have a good search system, you're not going to be able to find the document easily. So memory involves not just taking in and storing information, but the ability to retrieve it too. And all three components have to work well together if our memory is to work efficiently.

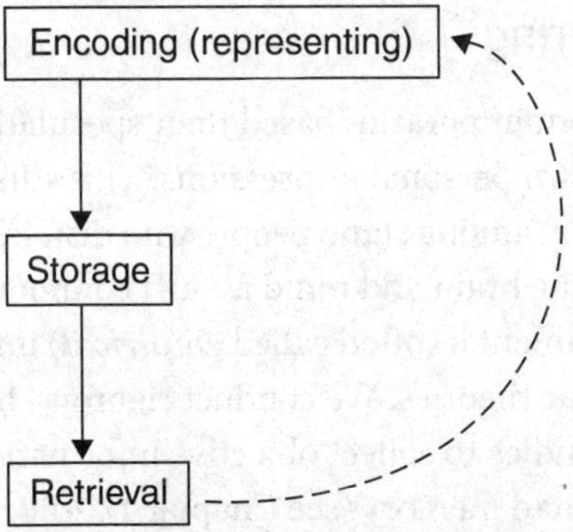

4. The logical distinction between encoding, storage, and retrieval is central when we are considering the operation of human memory

Problems in encoding are often related to poor attention, whereas difficulties in storage are what we refer to in everyday speech as forgetting. With retrieval, an important distinction is often made between *availability* and *accessibility*. For example, sometimes we can't quite recall someone's name, but it feels as if it's right on the tip of our tongue. We may know the first letter of the name, and the number of syllables, but we just can't produce the word itself. Not surprisingly, this is called the 'tip of the tongue phenomenon'. We know we have the information stored somewhere, and we may have partial knowledge of it (so the information is, in theory, available), but it's not currently accessible. One has an enormous amount of information stored in one's memory that is potentially available at any given moment, but there is typically only a small portion of information available for access at any given time.

Memory can fail to work due to a blockage in any one, or more, of these three components (*encoding*, *storage*, and *retrieval*). In the tip of the tongue phenomenon example, it's the retrieval component that's failing. All three components are necessary for effective memory, but no one component is sufficient: this is the fundamental logic of memory.

Different kinds of memory: the functional structure of remembering

Plato and his contemporaries based their speculations about the mind on their own personal impressions. This still happens today – especially among some people who dismiss systematic findings about the brain and mind as 'just common sense'. But we now have experimental (often called *empirical*) information on which to base our theories. We conduct rigorous, highly controlled experimental studies to collect objective information about the workings of human memory (see Chapter 1). And, as we shall see, several of these well-established findings contradict the 'common sense' relied on by many people.

Experimenters have applied a number of systematic techniques in their efforts to understand memory. One approach has been to subdivide the vast field of memory into areas that seem to function differently from each another. Think about what you were wearing the last time you arrived home. How does that memory differ from remembering which months of the year have 30 days in them, or naming the prime numbers between 20 and 30, or remembering how to make an omelette? These might feel like different kinds of memory, in intuitive terms. But what is the scientific evidence? In fact, one of the major findings over the past 100 years is that memory is a multicomponent (rather than monolithic) entity. We discuss these distinctions further in this chapter, and elsewhere in this book.

In the 1960s, subdivisions of memory based upon information-processing models became popular. Following rapid developments in information technology that took place after the Second World War, there was substantial growth in understanding the requirements of information storage during computer processing. A three-stage model of memory processing subsequently developed, reaching its fullest elaboration in the model proposed by Atkinson and Shiffrin in the 1960s. In these stage models, information was considered to be first held very briefly in *sensory memories*, after which a selection of this information was transferred to a *short-term store*. From here, a yet smaller amount of information made its way into a *long-term memory store*.

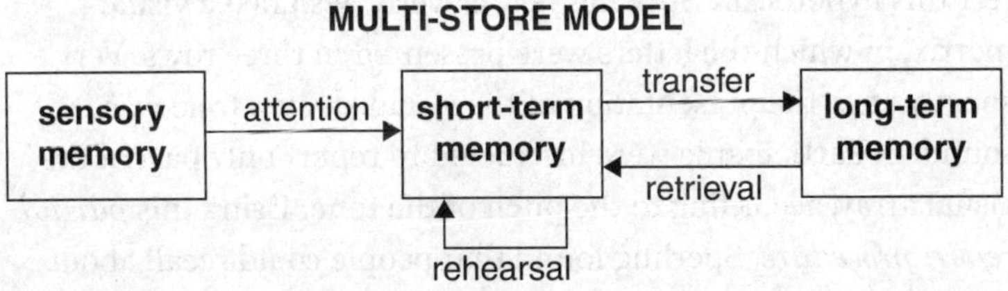

5. Multistore (or modal) model of memory, first described in 1968 by Atkinson and Shiffrin. This model has offered a very useful heuristic framework for an understanding of memory

The characteristics of these different stores are outlined below.

Sensory store

The sensory store appears to operate below the threshold of consciousness. It receives information from the senses and holds it for about a second while we decide what to attend to. An example of this is the 'cocktail party phenomenon', where we hear our name mentioned in a conversation elsewhere in the room, automatically diverting our attention to that other conversation. Another common experience is that we may ask someone to repeat an action or re-state something that they said (believing it has been forgotten), while at the same time we discover that we do, in fact, have access to the information with which we have been previously presented. With sensory memory, what we ignore is quickly lost and cannot be retrieved: it decays just as – from a sensory perspective – lights fade and sounds die away. So you can sometimes catch an echo of what someone said when you are not paying attention, but a second later it has gone altogether.

Objective evidence for *sensory memory* stores came from experiments such as that conducted by Sperling in 1960. Sperling presented displays of 12 letters very briefly (e.g. for 50 milliseconds) to participants. Although participants in this study could report only about four letters, Sperling suspected that the participants might actually be able to remember more letters, but the information faded too rapidly for it to be reported. In order to test this hypothesis, Sperling very cleverly designed a visual matrix, in which the letters were presented in three rows. Very shortly after the presentation of the visual array, a tone was sounded. Participants were instructed to report only part of the visual array, according to the pitch of the tone. Using this *partial report procedure*, Sperling found that people could recall about three letters from any row of four letters – indicating that, for just a very brief period, about nine out of the twelve letters were potentially reportable.

Memory researchers inferred from research such as this that a sensory memory store exists, holding a relatively large amount of incoming perceptual information very briefly while selected elements are processed. The sensory memory for visual information has been termed *iconic memory*, while sensory memory for auditory information has been referred to as *echoic memory*. Sensory memories are generally characterized as being rich (in terms of their content) but very brief (in terms of their duration).

Short-term memory

Beyond the sensory memories, information-processing models advocated in the 1960s hypothesized one or more short-term stores that held information for a few seconds. Paying attention to something transfers it to short-term memory (sometimes referred to as *primary memory* or the *short-term store*), which has a capacity of around seven items. This store is used when, for example, dialling a new phone number. It has limited capacity, so that – once short-term memory is full – old information is displaced by new input. Less important thoughts (e.g. a phone number you have to call today but will never need again) are held in short-term memory, used, and then decay. For example, if you're going to phone the cinema to find out what films are showing this evening, you need to hold the phone number in mind for a relatively short period and then it can be discarded.

Within the scientific literature, the verbal short-term store has received considerable attention. Its existence has been inferred – at least in part – from the *recency effect* in free recall. For example, Postman and Phillips asked their participants to recall lists of 10, 20 or 30 words. On immediate recall, the participants tended to be much better at recalling the last few words that had been presented than they were at recalling words from the middle of the list, known as the recency effect. But this effect disappeared if memory testing was delayed by as little as 15 seconds (as long as the delay involved verbal activity by the participant, such as counting backwards). The interpretation of these findings was that the recency effect involved the last few memory items being retrieved from a short-term store of rather limited capacity.

It was further suggested by Alan Baddeley in the 1960s that the verbal short-term store retained information primarily in an acoustic or phonological form. This view received support from noting the acoustic nature of the errors that appear during short-term recall. This occurred even when the material to be retained was presented visually, indicating that the stored information was converted to an acoustic code. For example, Conrad and Hull showed that visually presented sequences of letters that are similar in sound (e.g. P, D, B, V, C, T) were harder to recall correctly after presentation than were sequences of dissimilar-sounding letters (e.g. W, K, L, Y, R, Z).

Long-term memory

Continuing to attend to and turn over in one's mind (or 'rehearse') information transfers it to the long-term store (sometimes referred to as *secondary memory)*, which seems to have almost unlimited capacity. More important information (for example, the new phone number that you have to learn when you move house, your bank PIN, or your date of birth) is placed in the long-term store. It is this long-term aspect of memory that is the primary focus of this chapter.

By contrast with acoustic representation of information in the short-term store, information in long-term memory is thought to be stored primarily in terms of the *meaning* of the information. So, when asked to remember later on a selection of meaningful sentences which were presented earlier, people usually cannot reproduce the exact wording, but they can generally report the meaning or gist of the sentences. As we saw in Chapter 1 (when considering the work of Bartlett) the 'top down' imposing of meaning can often lead to distortions and biases in memory, as in the case of the *The War of the Ghosts* story. We will return to this topic of bias in long-term memory in Chapter 4, when we consider *eyewitness testimony*.

Models like Atkinson and Shiffrin's three stage model of memory, outlined above, are useful for simplifying and representing some aspects of the complexity of human memory. However, this very complexity requires ongoing adjustment to enable these models to incorporate additional observations. For example, the information-processing model outlined above made two fundamental assumptions: i. information could only reach long-term memory by first passing through the short-term store; and ii. rehearsing information in the short-term store would both retain it in this store, and increase its chance of being transferred to the long-term store.

However, the first of these assumptions was challenged by the identification of key clinical cases. These brain-injured patients manifested grossly impaired short-term memory capacity and therefore (in terms of the Atkinson-Shiffrin model) severely damaged short-term memory stores. However, these patients appeared to have no impairment in their long-term memory ability. The second assumption of the Atkinson-Shiffrin model was challenged by the findings of studies in which participants rehearsed the last few words of word lists for a longer time period, without showing improvement in the long-term recall of those words. Under some circumstances, it also became clear that encountering the same information on many different occasions (which may, reasonably, be assumed to lead to increased rehearsal) was not sufficient to lead to the retention of this information. For example, as we saw in Chapter 1, people do not perform very well when they are asked to remember the details on the faces of the coins that they handle on a daily basis.

Other evidence for the distinction between short-term and long-term memory stores has also come into question. For example, as we saw previously, the recency effect in free recall had been attributed to the operation of a short-term store, because this effect was reduced when the few seconds before recall were filled with a verbal task such as backward counting. But when participants studied words and counted backwards after each word in the list, the last few items were still better recalled than the middle of the list. This pattern of findings was at odds with the Atkinson and Shiffrin model, because the short-term store should have been 'filled' with the backwards counting task – and so no recency effect should have been observed. Semantic encoding (that is, processing information in terms of its meaning) has also been demonstrated in short-term learning under suitable conditions, indicating that phonological encoding is not the only form of coding relevant for the representation of information in the short-term store.

Two major responses followed recognition of the problems with Atkinson and Shiffrin's information-processing model. One approach, especially associated with Baddeley and colleagues, was to refine the short-term memory model in the light of its known limitations. Baddeley and colleagues also sought to characterize further the functions that short-term remembering plays in cognition. This change in perspective led to Baddeley's original – and subsequently revised – working memory model. The other main response to the problems identified with Atkinson and Shiffrin's model was – more generally – to question the emphasis placed in this model on memory stores and their capacity limitations, and to focus instead on an alternative approach based on the nature of the processing that takes place in memory, and the consequences of this processing for remembering.

Whichever specific memory model is ultimately the most compelling, many theories of memory make a general but fundamental distinction between short-term and long-term memory processes. As we will see, evidence for a dichotomy between the short-term and long-term memory store comes from i) a range of experiments that have been conducted on normal, healthy individuals, and ii) the study of brain-injured patients with deficits in memory. There is also convergent evidence from fundamental biological research supporting the distinction between short- and long-term memory storage.

Working memory

Considering further the short-term store, the distinction between *short-term memory* and *working memory* is often blurred. Short-term memory was previously conceptualized (either explicitly or implicitly) as a relatively *passive* process. But we now know that people do more than just hold information in the short-term store. For example, if we have a sentence held in our short-term memory, we can usually repeat the words in the sentence in reverse order, or recite the first letter of each word in the sentence. It is this more *active* sense of short-term memory that is denoted by the use of the term working memory, because there are some mental operations (or 'work') being done on the information that is currently held in mind. The terms 'working memory' and 'short-term memory' are also often used synonymously with *consciousness*. This is because what we're consciously aware of – that is, what we're currently holding in mind – is held within our working memory.

The term *span* is often used to refer to the amount of information that a person is able to hold within short-term memory. For healthy young people, George Miller in the 1950s defined the limits of short-term memory as typically 7 ± 2 items. The mechanisms underpinning our short-term memory can be demonstrated when we try to remember a list of words: we tend to remember the last few words in the list best, because these words are still held within our short-term memory. As noted by William Shakespeare in *Richard II* 'As the last taste of sweets, is sweetest last, writ in remembrance more than things long past.' It has been suggested that short-term memory span is linked with speech articulation speed, so the faster somebody can say words or letters or numbers under their breath, the longer their short-term memory span.

There's now good evidence that working memory is not a single entity, but that it is made up of at least three components (see Figure 6). Baddeley has formalized these components in his influential working memory model as a *central executive* and two so-called 'slave' systems – the *phonological loop* and the *visuo-spatial sketchpad*. Subsequently, Baddeley added an *episodic buffer* in his revised working memory model. With respect to the proposed functional roles of these components, it is proposed that i) the central executive controls attention and coordinates the slave systems, ii) the phonological loop contains a phonological store and an articulatory control process and is responsible for inner speech, iii) the visuo-spatial sketchpad is responsible for setting up and manipulating mental images, and iv) the episodic buffer (not shown) integrates and manipulates material in working memory.

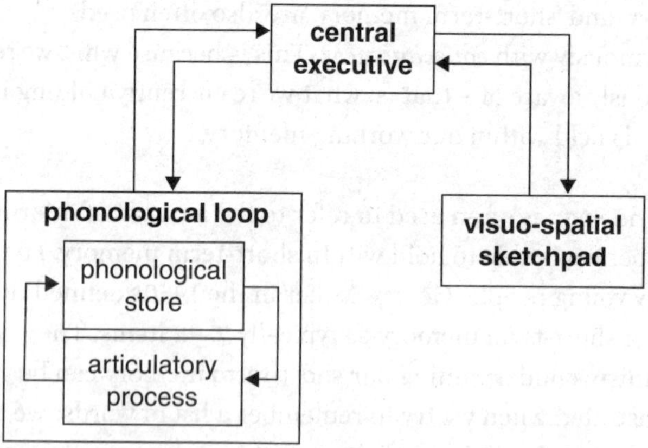

6. In 1974, Alan Baddeley and Graham Hitch proposed a working memory model which subdivided short-term memory into three basic components: the central executive, the phonological loop and the visuo-spatial sketchpad

Phonological loop

A considerable amount of research has been concentrated on the *phonological* (or *articulatory*) *loop*. It is thought to play an important role in language development, and in comprehension of complex linguistic materials in adults. Its existence is supported by experiments showing that performance on memory span tasks typically depends substantially on the use of an articulatory code. For example, the number of words that you can hear and then repeat back without error is a function of the complexity of the words. By using a technique known as *articulatory suppression*, in which research participants repeat (aloud or silently) a simple sound or word, such as 'la la la' or 'the the the', the phonological loop can be prevented temporarily from retaining any further information. So contrasting performance with and without articulatory suppression can be used to demonstrate the contribution of the phonological loop.

The phonological loop has a finite length. Is this length best characterized in terms of a number of items or a period of time? It has been shown that one's *memory span* – i.e. the number of words that one can hear and then repeat back without error – is a function of the length of time that it takes to say the words. So, a word list like 'cold, cat, France, Kansas, iron' is considerably easier to remember on a short-term memory test than 'emphysema, rhinoceros, Mozambique, Connecticut, magnesium', even though the two lists are matched in terms of the number of words and the semantic categories from which they are drawn (namely: infections, animals, countries, American states and metals). However, this *word length effect* is eliminated if participants have to carry out articulatory suppression while they study the word list. Another example of the word length effects comes from the varying speed with which the digits 1-10 can be pronounced in different languages: the size of the digit memory span for people who speak different languages is highly correlated with the speed with which the digits can be spoken in that language. These and other findings indicate that the phonological loop is time- (rather than item-) limited.

Visuo-spatial sketchpad

By contrast, the *visuo-spatial sketchpad* provides a medium for the temporary storage and manipulation of images. Its existence is inferred from studies showing that concurrent spatial tasks interfere with each other with respect to short-term memory capacity. So, if you try to perform two non-verbal tasks simultaneously (for example, patting your head and rubbing your tummy), these two tasks combined may be overworking the visuo-spatial sketchpad, and so performance on each task declines (relative to the level of performance when each task is performed alone). Studies have indicated that the visuo-spatial sketchpad is involved in playing chess – reflecting the contribution of spatial short-term memory in processing the different configurations of chess pieces on a board.

Central executive

This is, to date, the least well characterized component of Baddeley's working memory model. It is thought to mediate the attentional and strategic aspects of working memory, and may be involved in co-ordinating cognitive resources between the phonological loop and the visuo-spatial sketchpad, if both are active simultaneously – for example, if you are trying to remember a word list and perform a spatial movement at the same time (as we have asked participants to do in some of our own research). In studying the central executive, Baddeley and colleagues have applied such a dual task methodology, in which one of the tasks (the first task) is designed to keep the central executive busy, while the second task is evaluated for whether the central executive is involved in the performance of this task. When performance on the second task suffers due to the concurrent performance of the first task, it can be concluded that the central executive is involved in performing the second task. One task used by researchers to engage the central executive is the generation of random letter sequences. Participants are required to generate letter sequences, taking care to avoid sequences of letters that fall into meaningful orders, such as 'C-A-T', 'A-B-C', or 'S-U-V'. Participants' generation and monitoring of their letter choices occupies the central executive. It has been shown that the memory of expert chess players for positions taken from actual chess games was impaired by performance of the letter generation task but not by articulatory suppression, indicating that the central executive (but not the phonological loop) was involved in remembering the chess positions. From a clinical perspective, the effects of disruption of the central executive can be seen in the kind of disorganized and unplanned behaviour observed in the 'dysexecutive syndrome' (which has been linked to frontal lobe brain damage; see Chapters 5 and 6).

The episodic buffer

The most recent version of Baddeley's working memory model introduced this functional component. According to Baddeley's revised model, information that is retrieved from long-term memory often needs to be integrated with respect to the current demands being fulfilled by working memory. Baddeley (2001) attributes this cognitive function to the episodic buffer. Baddeley provides the example of our being able to imagine an elephant playing ice-hockey. Within this framework, it is argued that we can go beyond the information about elephants and ice-hockey supplied to us from long-term memory by imagining that the elephant is pink, by picturing how the elephant holds the hockey stick, and by reflecting on what field position the elephant might occupy. So, the episodic buffer allows us to go beyond what already exists in long-term memory, to combine it in different ways, and to use it to create novel scenarios on which future actions can be based.

Memory metaphors

Working memory could be likened to the RAM capacity of your desktop computer. The operations that are currently being engaged in by the computer – in terms of its processing resources – are occupying RAM, the computer's 'working memory'. The hard disk of the computer is like long-term memory, so you can put information onto the hard disk and store it there indefinitely, and it's still stored there when you switch off the computer overnight. Switching off power to the computer might be regarded as analogous to falling asleep for humans! After a good night's sleep, we still have access to information stored in our long-term memory (such as our name, our date of birth, how many siblings we have, and what happened on an especially eventful day in our personal past) when we wake up the next morning. But, typically, we cannot remember the last thoughts that we were holding in our working memory when we wake up the next morning (because this information was usually not transferred into our long-term memory before we fall asleep – this can be very frustrating for those of us who generate our best ideas in the few minutes before we enter the land of Nod!). Another relevant comparison concerns i) the use of short-term memory in making a one-off phone call to a restaurant that one has never visited before, versus ii) the creation of new long-term memories when, for example, we move to a new house and may have to create a memory representation of our new home phone number.

The computer disk drive analogy also helps us to understand the distinction between encoding, storage, and retrieval in memory. Think about the huge amount of information on the Internet. This can be thought of as a massive long-term memory system. But, without effective tools for searching and retrieving information from the Internet, that information is essentially useless: it may be theoretically available, but is it practically accessible when you need it? This is why the advent of effective search tools such as

Google and Yahoo have massively transformed the use of the Internet in recent years.

Moving beyond working memory and its proposed component processes, we now consider the different functional elements that have been proposed within long-term memory. These distinctions have been proposed as a means of characterizing the findings that have been obtained in the memory literature through the evaluation of both healthy individuals and people with different forms of brain injury. Both of these sources have provided valuable information pertaining to the organization of human memory.

Semantic, episodic, and procedural memory

One potentially useful distinction made by psychologists is between *episodic memory* and *semantic memory*, each of which is considered to represent a different type of consciously accessible long-term memory (this distinction was already mentioned in Chapter 1). In particular, Tulving has argued that *episodic memory* involves remembering specific events, whereas *semantic memory* essentially concerns general knowledge about the world. Episodic memory includes recollection of *time*, *place*, and associated *emotions* at the time of the event. (*Autobiographical memory* – the recall of events from our earlier life – represents a sub-category of episodic memory that has attracted considerable interest in recent years).

Put concisely, episodic memory can be defined as memory for the events of your life that you have experienced. These memories naturally tend to retain details of the time and situation in which they were acquired. So remembering what you did last weekend, or recollecting what happened when you took your driving test, would comprise examples of episodic memory.

Episodic memory contrasts and interacts with *semantic memory*, the memory of *facts* and *concepts*. *Semantic memory* can be defined as knowledge that is retained irrespective of the circumstances under which it was acquired. In fact, we often combine and conflate episodic and semantic memory without being aware that we are doing so; for example, when trying to recall what happened on our wedding day, our actual recollections of the day may well be combined with our expectations and semantic knowledge abut the kinds of things that *typically* happen at weddings.

Here are some examples to illustrate *semantic memory*:

> What is the capital of France?
> How many days are there in the week?
> Who is the current Prime Minister of the United Kingdom?
> Tell me the name of a mammal that flies.
> What is the chemical symbol for water?
> What direction would you travel in if you were flying from London to Johannesburg?

These are questions with relative degrees of difficulty, but all of them tap into the huge store of general knowledge about the world that we acquire throughout our lives and which we tend to take for granted. In contrast, if I asked you what you had for breakfast yesterday, or what happened on your last birthday, your response would draw on your *episodic memory*, because I'm now asking you questions about specific events, or episodes, that have occurred in your life. So, your memory of eating breakfast this morning will be an episodic memory involving when, where, and what you ate. On the other hand, remembering what the term 'breakfast' means and refers to involves semantic memory. So, you can no doubt describe what 'breakfast' means, but you probably have no recollection of when and how you learned the concept – unless you learned abut the concept of breakfast very recently (you no doubt learned about 'breakfast' as a child, but there may well be other concepts that you have acquired much more recently). How episodic memories become 'converted' into semantic memories over time remains an area of considerable research interest and speculation (for example, the first time you leaned about Mt Everest being the world's tallest mountain was within a specific episode, but gradually over time – and repeated exposure – this information became converted into a piece of semantic information).

Whether semantic and episodic memory represent truly separate memory systems is still quite uncertain. But the distinction has been quite useful in helping to characterize clinical memory disorders which appear to affect one system more than the other. For example, researchers have found that there are certain disorders of the brain that can preferentially affect semantic memory, such as 'semantic dementia'. In contrast, Endel Tulving has argued that the so-called 'amnesic syndrome' is characterized by a selective impairment in episodic memory, but not in semantic memory (see Chapter 5).

There seems to be general agreement that a third type of long-term memory – *procedural memory* (for example, performing the sequence of physical operations necessary to be able to ride a bicycle) – is independent of consciously accessible memory. Again, there appear to be certain disorders of the brain that can preferentially affect procedural memory, such as Parkinson's disease. There have also been suggestions that procedural memory should not be considered as a homogenous memory system, but that – instead – procedural memory comprises several different subsystems.

Explicit and implicit memory

Another common distinction made by memory researchers is that between explicit and implicit memory. (This proposed framework bears some similarities to the framework discussed in the last section – involving episodic, semantic, and procedural memory.) Within this framework, e*xplicit memory* is defined as involving conscious awareness, at the time of remembering, of the information, experience, or situation being remembered. Other researchers have referred to this type of memory experience as 'recollective', rather than explicit. There are close parallels here with episodic memory, previously discussed.

Implicit memory, by contrast, refers to an influence on behaviour, feelings or thoughts as a result of prior experience, but which is manifested without conscious recollection of the original events. For example, if you pass a Chinese restaurant on the way to work in the morning, you might later that day think about going out for a Chinese meal, without being consciously aware that this disposition had been influenced by the experience that you had that morning.

Distinctions between implicit and explicit memory are sometimes demonstrated by studies that measure a phenomenon termed 'priming'. One task used in many priming studies is timed completion of word fragments (such as e_e_h_n_; turn to page 48 to see if you completed this fragment correctly). In healthy individuals, completions of fragmented words are generally faster or more certain for recently encountered words than for new ones. Odd as it may seem, this phenomenon occurs even when the words are not themselves consciously remembered but can still access implicit memory. A complementary source of evidence for the implicit/explicit distinction again comes from studies involving patients with *amnesia*. In these patients, their amnesia means that they cannot consciously recognize words or pictures that have been previously presented to them, but – like healthy individuals – they are nevertheless better at completing the corresponding word fragments later on. These studies suggest that there is a fundamental difference in the functional organization of memory, depending upon whether the test requires conscious awareness of the previous event.

There is further evidence for this view. For example, in the 1980s Larry Jacoby conducted a study in which there were two types of test: 'recognition' (involving conscious remembering of the studied information) and 'unconscious remembering' (in this case, this was tested via a perceptual identification task, i.e. identifying a visually presented word that appeared very briefly). Jacoby also manipulated how the target words were studied in this experiment. Each target word was shown either a) with no context (e.g. 'girl' shown alone), or b) shown with its opposite as a context (e.g. 'boy – girl' shown together), or c) generated by the participant when shown its opposite (e.g. 'boy' was shown and 'girl' was generated by the participant).

The subsequent explicit memory test involved showing a mixture of target words and new words to participants, and asking them to identify which words they had studied previously ('studied' words included both read and generated words, as described in the previous paragraph). By contrast, for the implicit memory test a mixture of targets and new words were shown very briefly, one at a time, and the participants were asked to identify each word as it was presented. The findings of this study were as follows: explicit recognition improved from the 'no context' condition to the 'generate' condition, but – interestingly – the reverse was the case for the implicit perceptual identification task! Because the pattern of results was reversed for the two tests, it suggests that the underlying processes (i.e. implicit and explicit memories) are distinct, and involve possibly independent memory mechanisms.

The study described in the last paragraph represents a good example of how carefully defined experimentation can help us to establish a key difference between mental processes that we would be unable to separate reliably using self-reflection or introspection. Another example of careful, systematic research in this field concerns the work of Andrade and others into memory during general anaesthesia. These researchers have demonstrated that people can subsequently show implicit memory for materials presented to them during anaesthesia, even when they are unconscious at the time of presentation. Findings such as this have led to suggestions that members of surgical teams should be especially careful what they say about patients during an operation conducted under general anaesthetic! In addition, further research has suggested that commercial advertising may work primarily through its effects on implicit memory. It has been demonstrated that people who have been shown adverts before rate these adverts as being more attractive than adverts that they have not seen previously (a phenomenon known as the *mere exposure effect*).

Different kinds of memory task

The implicit/explicit memory distinction represents a distinction regarding two proposed memory systems (see Foster and Jelicic, 1999, for a more technical, comprehensive review of this topic). This distinction between two proposed memory systems is often used – and potentially confused with – different types of *memory task*, in which different functional processes may be differentially involved. Some memory tasks require people to think about meanings and concepts; these are often referred to as *concept-driven tasks*. For example, if you are asked to remember items from a list of words that you studied, then you would be explicitly recalling the words themselves. At the same time, you would be likely to recall automatically the meanings of the words too. Other tasks require people to focus more on the presented materials; these are often referred to as *data-driven tasks*. So if your task was to complete word fragments (such as e_e_h_n_), without reference to the studied list, then the influence of the study session would be likely to be more implicit rather than explicit; you would be working with the visual patterns of letters, but less so (if at all) with the word meanings.

Tasks that are proposed to tap, differentially, into explicit and implicit memory are sometimes also called *direct* and *indirect* memory tasks, respectively. It is challenging to separate the nature of the task (i.e. concept- or data-driven; direct versus indirect) and the nature of the memory component being tested (i.e. explicit or implicit). Indeed, many researchers have argued that no memory task is truly 'process pure', in that each memory task will be mediated by a combination of implicit and explicit processes – it is the weighting of these processes that will differ across different memory tasks.

The experience of memory

Related to the explicit/implicit memory distinction is the type of remembering experience that accompanies performance on a memory task. For example, it has been proposed that there is a valid distinction in memory between a person 'remembering' and 'knowing' something. 'Remembering' has been defined in terms of someone having a phenomenological experience that they saw the specific item under test on the original learning trial. By contrast, it has been suggested that a person may simply 'know' that the word was in the original list, without that person specifically recalling the item. This 'remember'/'know' distinction was first used by Endel Tulving. In his research, Tulving required each response at test to be judged as being either a) accompanied by an experience of remembering having studied the item, or b) knowing that the item had been presented, but without specifically remembering the event. Gardiner, Java, and colleagues have since carried out a range investigations of 'remember/know' judgements under a variety of different experimental conditions.

This distinction may be somewhat difficult to operationalize, that is to characterize in objective terms. However, a number of experimental manipulations have been shown to influence 'remember' and 'know' judgements differently. For example, studies have shown that semantic processing (where the meaning of the items is emphasized) leads to more 'remember' responses than does acoustic processing (which focuses on the sound of the words studied). In contrast, research findings indicate that the proportion of 'know' responses does not differ between semantic and acoustic conditions.

Levels of processing

One complementary framework that has been very influential when thinking about memory (especially long-term memory) is the 'levels of processing' framework. In contrast to structural models of memory, this framework emphasizes the importance of processing in memory, rather than structure and capacity. The levels of framework approach was first articulated in the experimental psychology literature by Fergus Craik and Bob Lockhart, but its key principle was in some senses foreshadowed anecdotally by the novelist Marcel Proust when he wrote: 'We soon forget what we have not deeply thought about'. Craik and Lockhart argued that how well we remember depends on how well we process information at the time of encoding. They described different *levels of processing*, from 'superficial' levels that deal only with the physical properties of the presented stimuli, through 'deeper' processes involving phonological properties, down to yet deeper processes that involve semantic encoding of the material in terms of its meaning.

Subsequently, many formal experiments have shown that – in terms of later memory performance at test – 'deeper' processing of information at encoding is superior to more 'superficial' processing, and that elaboration of material via semantic processing can improve learning of memory materials. What does this mean? Well, here is an example. Suppose you were asked to study a list of words and a) provide a definition of each word on the list, or b) provide a personal association for each word on the list (both of which require semantic processing of the words on the list). You would typically remember the list of words better under conditions a) or b) than if you were asked to perform a more superficial and less semantic task, such as c) providing another rhyming word for each word on the list, or d) providing a letter number from the alphabet corresponding to each letter in each word on the list.

In other words, if we see the word 'DOG', we might simply process it in a relatively superficial manner by noting that it is written in upper case. On the other hand, we might process it phonologically by registering that its sound rhymes with 'frog' and 'log'. Alternatively, we could think about the meaning of the word: 'dog' refers to domesticated, hairy animals sometimes referred to as 'man's best friend'. Further semantic processing, involving elaboration based on the meaning of the word, represents deeper processing, and should lead to better memory (for example, we might think about different breeds of dog, where they originate, their original functional roles, the characteristics of the breed, and so on).

Demonstrating the usefulness of this approach, Craik and Tulving showed that the probability of the same word being correctly recognized in a memory experiment varied from 20% to 70%, depending on the 'depth' of processing that had been previously carried out at the time of encoding. When the initial processing involved only decisions about the letter case in which the word was printed, correct recognition occurred at the 20% level. Performance improved following rhyming (i.e. phonological) decisions, but was considerably better (i.e. almost 70% correct recognition) when processing involved decisions about whether the word would fit meaningfully into a given sentence.

A considerable volume of data supports the levels of processing model. However, the details of the original model have been criticized. Specifically, objections have been raised on the grounds that this approach is logically circular in its mode of explanation. So, if it is observed that a particular encoding operation or procedure produces better memory performance, then it can be argued – in terms of the 'levels of processing' framework – that this arises from a 'deeper' mode of cognitive processing. If, by contrast, another encoding operation or procedure produced poorer subsequent memory performance, then – according to the 'level of processing' account – this must have been due to more 'superficial' processing at the time of encoding. So the central concern is that the 'levels of processing' framework thereby becomes self-fulfilling and untestable. The problem – in essence – is how to devise a criterion of 'depth' and 'shallowness' of processing that is independent of subsequent memory performance.

It has therefore been argued that a level of processing criterion cannot be identified independently of the memory performance that it produces. More recently, however, Fergus Craik has pointed to physiological and neurological methods that may provide an independent measure of depth of processing. Notwithstanding possible problems with the testability of the model, a 'levels of processing' approach does – importantly – draw attention to important functional issues including a) the type of processing of materials at the time of encoding, b) elaboration of materials during encoding, and c) the appropriateness of the processing that takes place at the time of encoding (in terms of 'transfer' to the later memory task; this issue will be considered further in Chapter 3). Similar to the framework articulated by Bartlett (Chapter 1), a key emphasis from the levels of processing framework is that we are *active agents* in the remembering process, such that what we remember depends on i) the processes that we ourselves engage in when we encounter a thing or an event, as well as ii) the properties of the thing or event itself.

Word fragment (from page 42)

Elephant

Chapter 3
Pulling the rabbit out of the hat

> If you want to test your memory, try to recall what you were worrying about one year ago today.
>
> Anonymous

This chapter will consider how information is accessed from memory. I will consider the key distinction between information accessibility and availability, already alluded to in Chapter 2. In particular, I will make the point that many of the everyday difficulties that we experience with our memory relate to situations in which we may have taken in and retained the information, but we are unable to retrieve that information when we wish to do so. The role of context seems to be especially important here: other things being equal, we tend to remember information better if we are in a similar physical context and emotional state at the time we wish to retrieve information as we were in at the time we were exposed to that information. The 'tip of the tongue phenomenon' will also be examined further in this chapter. For example, at a party we may know the first letter of a name (of a person or place) that we are trying to recall, or what the name sounds like, but we may not be able to access the name itself.

Inferring memory from behaviour

As we saw in Chapter 2, there are many sorts of behaviour that suggest that a memory has been evoked for some past event.

Suppose you heard a new song some time ago. Later, you might recall the words of the song, or recognize the words when you hear them again. Alternatively, if you hear the song again, the words might sound familiar without your explicitly recognizing them. Finally, your behaviour or mental state might be covertly influenced by the message of the song, without your having any sense of conscious recall, recognition or familiarity for the song itself.

Every day we encounter an enormous quantity of information, but we only remember some of it. Having encoded and stored information that has been processed by our senses, we then have to be able to retrieve it effectively – as we saw when considering the fundamental logical components of memory in Chapter 1. Which events we remember seems to depend on their functional significance. For example, in our evolutionary past, humans may have survived by remembering information that signalled threat (such as the appearance of a potential predator) or reward (such as the discovery of a possible food source).

What we are able to retrieve depends largely on the context in which the information was encoded or classified in the first place, and to what extent this matches the retrieval context – this is the so-called *encoding specificity principle*. For example, many of us have been somewhat embarrassed by our inability to recognize friends or acquaintances when we meet them in an unusual context. If we habitually see someone at work or school dressed in a particular way, we may fail to recognize them if we see them dressed very differently at a wedding or in a restaurant. We consider this principle further below. But first we consider a few key methods for assessing memory.

Retrieval: recall versus recognition

To *recall* information is to bring it to mind. Usually there is some *cue* that triggers and/or facilitates the recall. For example, examination questions typically contain content cues that direct our recall to information relevant to the examiner's aims. Everyday questions such as 'What did you do on Friday night?' contain time cues. Cues such as these are very general, and do not provide a great deal of information. Recall in response to these sorts of non-specific cues is generally termed *free recall*. Some cues may also be more informative and direct us to more specific events or information. A question such as 'Where did you go on Friday night after you left the movies?' differs from the previous question, cited above, by providing us with more information in an effort to extract some specific material. As cues become more directive, the recall process is termed *cued recall*.

Here are some other examples. When investigating retrieval in an experimental context, people might be presented with information, such as a story, during what we call the learning episode. Then we may ask them to recall certain aspects of the story. *Free recall* is where we ask people to remember as much of the story as they can, without any assistance. The 'tip of the tongue phenomenon' (mentioned in Chapter 2) illustrates the nature of one common problem in free recall, in that we often have only partial access to information that we're trying to retrieve. By comparison, *cued recall* is where we present a prompt (such as a category, or the first letter of the word) in order to retrieve a certain piece of information. For example, we might say 'Tell me all the names of people beginning with 'J' that were in the story that I read to you yesterday'. Cued recall tends to be somewhat easier for respondents than free recall. This may be because we're providing more support and context for the individual – i.e. we are actually doing some of the 'memory work' for them in providing these cues. It should be noted that cues can be useful in retrieving information, but they can also introduce distortion and bias – as we will see in more detail when we consider the issue of eyewitness testimony in Chapter 4.

Our ability to identify some past event or information when it is presented to us again is termed *recognition*. For example, in examinations, true–false and multiple-choice questions typically target the student's ability to recognize information correctly. In real life, questions like 'Did you go out to eat after you left the movies?' present some event or information and ask the person concerned whether it matches the past. *Recognition* is the easiest type of retrieval, because some of the 'target' memory material is actually presented, and you – the respondent – have to make a decision about it. 'Forced choice recognition' is where you are presented with, say, two items – only one of which you've seen previously – and you are asked 'Tell me which of these two items you saw before'. It's a forced choice, in that you have to choose one of the two items. This can be compared with 'yes/no recognition', where I would show you a series of items one at a time and ask 'Did you see this item before?'. In this case, you simply have to answer 'yes' or 'no' in response to each item. Systematic experiments have indicated that two independent processes can contribute to recognition:

Context retrieval

This depends on 'explicit recollection' of time and place; for example, you may recognize someone as the person you saw on the bus when you were coming home from work last Friday. So for this type of recognition, you need to be able to locate your previous experience in time and place.

Familiarity

You may see someone who looks vaguely familiar, and you know you've seen them before, but you can't quite remember when or where you saw them. This type of recognition experience seems to be served by a 'familiarity process', but there is no explicit recollection of the previous encounter. This is, therefore, a less detailed form of recognition (very similar to the 'know' type of response that we discussed in Chapter 2). Effects on familiarity can be noted without the ability to bring to mind (that is, recall or recognize) a past event. You have probably had this experience yourself on several occasions: i.e. you have encountered someone

7. You may well be able to recall the identity of this person spontaneously, or you may require a cue (such as 'singer' or 'entertainer'). If you cannot recall the name of this person, you may be able to recognize her name: is it Cher or Madonna? Cued recall tends to be somewhat easier for respondents than free recall, while recognition tends to be easier than either free or cued recall

who seemed familiar, although you were unable to recognize them explicitly. Indeed, one of the mechanisms underlying the success of advertising is that it makes particular products more familiar, and people tend to prefer familiar things to more unfamiliar ones. (Please refer to the *mere exposure effect* cited in Chapter 2). Hence the old adage, 'All publicity is good publicity.'

There is a curious phenomenon that most of us have experienced which may be centrally dependent on the feeling of misplaced familiarity: déjà vu. This phenomenon occurs when people feel they have witnessed something before, without being quite able to place the prior event or provide any further confirmatory evidence that the event or incident actually took place. It seems that in déjà vu, familiarity mechanisms may occur by mistake, so that a feeling of familiarity is triggered by a novel object or scene. Furthermore, it has been suggested by some researchers that déjà vu can be induced by hypnosis. So it seems possible that the brain mechanisms underlying the experience of déjà vu may be mediated by different mechanisms than those that typically operate when we are fully alert.

The effect of context on recall and recognition

Recall can be quite susceptible to the effects of context, but recognition is typically less susceptible. This has been shown, for example, in divers who were asked to remember information underwater or on dry land, and then had their memory tested either in the same location or in a different location.

In two famous studies, Godden and Baddeley asked divers to remember information either on the shore or underwater. The divers were then tested either a) in the same context, or b) in a different context.

These studies showed that the divers' recall memory was strongly influenced by whether they were in the same context when they encoded the information as they were in for the memory test. So the divers remembered far more information if they were asked to learn underwater and then were tested underwater, or if they learned on land and then were tested on land. But if the context in which they learned and were tested was different – underwater to land, or land to underwater – then the divers' level of memory performance dropped markedly. In summary, the divers experienced difficulties with recall when they had to remember information in a different location, but not when they remembered information in the same location as during learning.

However, this was only evident for recall, not for recognition memory. So it seems as if the cues that are provided by being in the same context at learning and test are important in effective recall, but less influential for recognition.

Interestingly, recall performance is also influenced by a person's physiological or psychological state. For example, if someone learns something while they're very calm and then is tested when they're very anxious or excited, then their recall performance level tends to be impaired. But if they learn while calm and then are memory tested while calm, or learn while they are excited and then are tested while excited, then their performance tends to be better. This is significant for students studying for exams: if you revise for an exam while you are very calm, but then feel very nervous or excited in the actual examination, then you might not recall information so well in the examination (compared with someone whose mood is more even across study and test). So relaxation therapy may be advisable for you in such circumstances, to try to ensure that you are in a similar psychological and physiological state at the time of the exam as you were when you were revising.

Alcohol and other agents and drugs which influence one's psychological state have been noted to have similar effects. In subjective terms, this point was captured quite well by the comedian and entertainer Billy Connolly, when he was interviewed on Australian television in 2006:

> Oh I remember now where I was, oh yeah I remember doing that and I remember doing this and then you go to the next stage which is black outs that you don't remember, so in order to remember them you have to get drunk again so you get two memories. You've got a sober memory and a drunk memory because you've become two guys...
>
> (ABC transcript of *Enough Rope* interview)

So we observe these *state-dependent* memory and forgetting effects, as well as physical *context-dependent* effects.

State-dependent effects on memory seem to occur under a variety of different circumstances, but – in systematic experimental studies – they are also found consistently only when memory is tested using free recall. When either cued recall or recognition is tested, the influence of changes in state or context is quite variable.

Although the question is difficult to study scientifically, it is likely that one of the reasons we find it challenging to recall the contents of dreams is related to state-dependent forgetting. However, if we are awakened while we are actually dreaming, we typically find it relatively straightforward to recall some of the dream – probably because at least some of the content of the dream is still held in working memory.

Several factors may explain the state-dependent sensitivity of free recall. For example, different psycho-active states could lead people to adopt unusual encoding or retrieval strategies which are incompatible which those they use when they are not in those states. Marijuana intoxication, for instance, causes people to make unusual associations in reaction to stimuli. This could be critical in mediating free recall, because here the participant has to generate appropriate contextual cues or information to aid their remembering. But in cued recall and recognition, some information is actually provided about the target items to the respondent, and so the potential for a mismatch between encoding and retrieval operations is substantially reduced – because a certain amount of the information that had been presented at the time of learning is re-presented at the time of test (and is therefore constant).

In addition – as we saw earlier – recognition memory often has a strong 'familiarity' component, which is context-free, and therefore not vulnerable to context shifts (although – similar to recall – state and physical context shifts may well affect the 'explicit recollection' component of recognition memory that we considered previously).

Unconscious influences on memory

Even in the absence of recall, recognition or feelings of familiarity, memory may still be observable. As we noted in Chapter 2, if information has been previously encountered, subsequent encounters with the same information may be different due to the previous encounter – even in the absence of any overt signs of memory. But unconscious effects of memory may be problematic. For example, formal studies have examined whether people are likely to believe assertions such as 'The tallest statue in the world is in Tibet', even when these assertions are untrue. It was found that people were more likely to believe these assertions if they had been encountered in a previous memory experiment – even if people could not remember these assertions in any other way. These unconscious effects of memory may be responsible for the effectiveness in a social context of some behavioural methods, such as propaganda.

As we saw in Chapter 2, *priming* describes the (often unconscious) behavioural influence on us of a past event. It can be measured by comparing behaviour following some event with the behaviour that arises if that event did not occur. In the above example, belief in specific assertions (for example, about the location of the world's largest statue) may be primed by having previously encountered these assertions. If two groups of people are compared – comprising some people who encountered an assertion, and some people who did not – the difference in beliefs is likely to represent a measure of the degree of priming from the earlier encounter. Here is another example of priming. Consider the word fragment '_i_c_o_e'. A researcher might measure how long it takes people to solve or complete the fragment to make a real English word (i.e. to say 'disclose'), and then compare the time taken by a) people who have recently encountered the word or idea with the time required by b) people who have not. Even when people have recently encountered the word 'disclose' but do not remember the experience of doing so, they can generally solve the word fragment more quickly than people who have not had this prior experience. (And, as we saw in Chapter 2, people with amnesia can perform this type of task well.) The difference in the time needed to respond to the cue is an example of priming – one type of evidence for memory (i.e. on enduring effect) of the previous experience.

Categories versus continuum?

We might consider the behaviours from which memory is inferred as existing along a continuum: free recall . . . cued recall . . . recognition . . . feeling of familiarity . . . unconscious behavioural influence. This view suggests that differences among these various manifestations of memory are due to the memories having different strengths or different availability. It would follow from this position that where memory is strong and available, free recall is possible – along with all of the other demonstrations of memory. But as memory weakens, or is otherwise less available, free recall would not occur – but memory might still be observable at 'lower' strengths or levels of availability (i.e. recognition, familiarity, unconscious influence).

This approach is appealing in its simplicity, but there are potential difficulties with a simple continuum approach. For example, the ability to recall information does not always mean that the information will be correctly recognized. Furthermore, some variables have the opposite effect on recognition and recall performance, such as word frequency. Frequently used words, such as 'table', are better recalled than lower frequency words like 'anchor'. However, the lower frequency words are better recognized. In addition, information that has been intentionally learned is generally better recalled than information that was acquired incidentally, but information that is learned unintentionally is sometimes better recognized. The key point here is that different (and, perhaps, unexpected) outcomes may be obtained on specific memory parameters when memory encoding is directly manipulated. Indicating that memory effects are not mediated by a single straightforward system or process operating along a single continuum.

Relating study and test

As we have seen in this chapter, what we are able to retrieve depends largely on the context in which the information was encoded or classified in the first place, and to what extent this matches the retrieval context. We noted that Tulving developed the *encoding specificity principle*, emphasizing the relationship between what occurs at study time (encoding) and what occurs at test time (retrieval). What is encoded in any particular encoding situation is selective, i.e. it is determined by the demands on the individual at study time. According to Tulving, what will be remembered later depends on the similarity between the memory test conditions and the original study conditions. We saw an example of this when considering the experiments of Godden and Baddeley with divers tested on shore or underwater.

A further experiment conducted by Barclay and colleagues illustrates encoding specificity in more detail. These researchers required participants to study a series of sentences with key words embedded in the sentences. So, for example, the word 'PIANO' was presented in one of two sentences: 'The man tuned the PIANO' or 'The man lifted the PIANO'. At recall, the sentences were cued by phrases that were either a) appropriate or b) inappropriate to the particular attributes of the named object (the piano). When tested, participants who had received the sentence about tuning the piano remembered 'PIANO' when they were cued with the phrase 'something melodious'. By contrast, participants who had studied the sentence about the piano being lifted were less likely to recall 'PIANO' after receiving the 'something melodious' cue. (According to the encoding specificity principle, this is because – for this group – the melodious aspect of the piano had not been emphasized in the sentence at the time of study.) Conversely, participants who had studied the sentence about lifting the piano at the time of encoding were more effectively cued at test by the phrase 'something heavy' rather than by the cue 'something melodious'.

This experiment demonstrates two important aspects of encoding specificity:

1. Only those elements of the original event that are specifically activated by the study situation are certain to be encoded.
2. For information to be optimally recalled, test cues need to target the particular aspects of the information that were originally encoded. In other words, remembering depends on the match between what is encoded and what is cued.

So, to achieve the best recall, the type of processing involved when studying needs to be appropriately matched to the type of processing that will required at test. Morris and colleagues demonstrated the effect of *transfer appropriate processing* in an extension of the Craik and Tulving 'levels of processing' experiments that were referred to in Chapter 2. In the original Craik and Tulving studies, participants were encouraged during encoding to focus on the i) physical, ii) phonological (e.g. rhyming), or iii) semantic aspects of the to-be-remembered word. As we saw in Chapter 2, under typical testing conditions semantic processing during encoding led to the best level of recall during testing. But in a study conducted by Morris and colleagues, another condition was added in the test phase, whereby participants had to identify words that rhymed with the words presented earlier during encoding. For this new 'rhyming' retrieval condition, there was a closer match between i) the rhyming task during learning condition and ii) the rhyming match required at the time of the response. At test, the best recall of rhyming words was observed in participants where rhyming (i.e. phonological processing) had been the focus of the learning task.

Chapter 4
Inaccuracies in memory

In this chapter, the question will be addressed of what underlies forgetting. The debate over whether we ever truly forget anything – or instead encounter difficulties retrieving stored information – will be considered. Other kinds of memory difficulty will also be discussed; for example, distortions and biases in memory induced by suggestion – the focus of a considerable body of work conducted over the past several decades (especially with respect to research on eyewitness testimony). We will also consider situations in which memory may work in a qualitatively more efficient manner, i.e. in so-called 'flashbulb memory' situations where it has been argued that memories may be especially vivid (remembering the assassination of John F. Kennedy or the death of Diana, Princess of Wales, for example). Related to this issue, we will consider emotional events impacting upon memory functioning, for example in situations of perceived threat or reward where we tend to retain information more efficiently.

Forgetting

> Please to remember the Fifth of November, Gunpowder Treason and Plot. We know no reason why gunpowder treason should ever be forgot.
>
> Anonymous

> The existence of forgetting has never been proved: we only know that some things don't come to mind when we want them to.
>
> Friedrich Nietzsche

Recall the tripartite, logically necessary distinction between encoding, storage, and retrieval introduced in Chapter 1. *Forgetting* can be defined as the loss of information that has been put into storage. Forgetting may occur not because of problems in retaining information in storage, *per se*, but because similar memories become confused and interfere with each other when we try to retrieve them. If we wish to understand how memory works fully, then we need to try to understand some of the factors that can influence the forgetting of information.

There are two traditional views of forgetting. One view argues that memory simply fades or decays away, just as objects in the physical environment might fade or erode or tarnish over time. This view represents a more *passive* conceptualization of forgetting and memory. The second view regards forgetting as a more *active* process. According to this perspective, there is no strong evidence for the passive fading of information in memory, but forgetting occurs because memory traces are disrupted, obscured or overlaid by other memories. In other words, forgetting occurs as a consequence of interference.

The consensus in the current literature is that both of these processes occur, but it is often quite difficult to separate the importance of time – i.e. the fading away or decay of memories – from interference through other events, because often these two things occur together. For example, if you try to remember what happened in the Wimbledon Men's Tennis Final in 1995, your memory may be imperfect (a) because of forgetting due to the passage of time, (b) because of forgetting due to your memories of other intervening Wimbledon Men's Tennis Finals interfering with your memory of the 1995 final, or (c) because *both processes are operating together*. However, there is some evidence that interference may be the more important mechanism underlying forgetting (in other words, if you had not seen another tennis match since the Wimbledon Men's Tennis Final in 1995, then you might remember this event better than someone who had seen other tennis matches over the same period of time, because your memory for the 1995 Final is somehow more 'distinctive').

More generally, our experiences do tend to interact in our memories and to run into one another, with the result that our memory for one experience is often interrelated to our memory of another. The more similar two experiences are, the greater the likelihood that they will interact in our memory. In some cases, this interaction can be helpful in that new semantic learning can build on old learning (for example, there is evidence that chess experts can remember chess positions better than novices – as considered later in this chapter). But when it is important to separate two episodes and render them quite distinct, interference can mean that we remember less accurately than we would otherwise have done. For example, memories from two different Wimbledon tennis finals might become confused with one another.

Flashbulb memories and the reminiscence bump

One interesting feature of memory is that people seem to be able to remember certain events very vividly for a long time, especially if they are particularly unusual and arousing. Two different aspects of this phenomenon are i) *flashbulb memories* and ii) the *reminiscence bump*.

The assassination of John F. Kennedy in 1963, the death of Princess Diana in 1997, and the destruction of the Word Trade Centre in New York in 2001 are very memorable events for people who were alive when these events occurred. Memory for such events appears to be very resistant to forgetting over time. Many people are able to remember where they were and who they were with when they heard the news of one or all of these events. This is an example of what has been termed *flashbulb memory*. In highly arousing situations such as these, people often seem to remember well. This phenomenon may well be related to pressures operating during our evolutionary past. As stated by Shakespeare in *Henry V* when making reference to the Battle of Agincourt: 'Old men forget: yet all shall be forgot, But he'll remember with advantages what feats he did that day.'

By comparison, the *reminiscence bump* occurs when people are asked during later life to remember events from across their lifespan. In these situations, people tend to remember disproportionately more events from the period between their adolescence and early adulthood. This point was neatly encapsulated by the writer and lawyer John Mortimer when he stated that: 'The distant past, when I was acting my solo version of Hamlet before the blind eyes of my father, duelling with myself and drinking my own poisoned chalice . . . seems as clear as yesterday. What are lost in the mists of vanishing memory are the events of ten years ago.' It has been suggested that this reminiscence bump is due to the particular significance of events that are occurring during the earlier portion of one's life. These are frequently events in which emotions are heavily involved (a consideration that may also be relevant for flashbulb memories). Such events include: meeting one's partner, getting married or becoming a parent – and events that are significant in other ways, such as starting work, graduating from university or backpacking around the world.

The areas of flashbulb memories and the reminiscence bump are both quite controversial; for example, with respect to flashbulb memories, it has been questioned to what extent semantic memory may intrude upon episodic memory for events such as the death of Princess Diana (such that we feel that we are remembering

8. The assassination of John F. Kennedy in 1963, the death of Princess Diana in 1997, and the destruction of the Word Trade Centre in New York in 2001 are very memorable events for people who were alive when these events occurred

episodic detail richly, when in fact much of this detail may be inferred – refer to Chapter 2 for a brief consideration of the extent to which semantic and episodic memory may interact, and to Chapter 1 regarding the degree to which 'top down' influences may be relevant in memory). Nevertheless, both of these topics are the subjects of considerable interest in the memory literature.

Organization and errors in memory

> The palest ink is better than the best memory.
>
> Chinese proverb

In the 1960s and 1970s, some studies were carried out on chess players to find out how well they could remember the positions of chess pieces on a board. The studies showed that chess masters could remember 95% of the pieces on the chessboard after a single 5-second glance. But weaker chess players were able to position only 40% of the pieces correctly, and needed eight attempts to reach 95% correct performance. Examined in more detail, the findings suggested that the advantage enjoyed by the chess masters stemmed from their ability to perceive the chessboard as an organized whole, rather than as a collection of individual pieces. Similar effects have been shown with expert bridge players when they attempt to recall bridge hands, or where electronics experts are asked to remember electronic circuits. In each case, it appears that the experts organize the material into a coherent and meaningful pattern. Drawing on a rich background of prior experience, experts seem to be able to enhance their memory performance significantly above that of non-experts.

We have already seen in Chapter 3 that organizing information at the time of *retrieval* (in the form of cueing) can aid recall, but these studies of experts reveal the benefits of organization at the time of *learning* too. In the laboratory, researchers have compared memory for the learning of a) relatively unstructured material with the recall of b) material that had some structure imposed at

9. There is evidence that chess experts can remember chess positions better than novices. This is related to apparently the ability of experts to perceive the chessboard as an organized whole, rather than as a collection of individual pieces

the time of learning. For example, memory for a random list of words can be compared with memory for a list that has been segmented, for the purposes of presentation, into categories of, say, i) vegetables or ii) items of furniture at encoding. When people are asked to remember later the list that was organized during encoding, their performance is substantially better than when they heard the randomly organized list during the learning phase. Therefore, meaningful organization of information during learning can sometimes lead to enhanced memory performance at test. However, as we will see shortly, other types of organization during learning can result in distortions in memory when people are tested later.

The effects of previous knowledge

Schemas – what we already know

As we saw in Chapter 1, in the 1930s Bartlett asked English participants to read and then recall a Native American folk tale, *The War of the Ghosts*, which came from a culture that was very different from their own. When people attempted to recall this story, their reports were obviously based on the original tale, but they had inserted, deleted, and modified information to produce stories that seemed more sensible to them – what Bartlett termed an 'effort after meaning'.

Bartlett proposed that we possess *schemata* (or *schemas*), which he described as active organizations of past experiences. These schemas help us to make sense of familiar situations, guiding our expectations and providing a framework within which new information is processed. For example, we might possess a schema for a 'typical' day at work or at school, or for a 'typical' visit to a restaurant or to the cinema.

People seemingly have trouble understanding presented information if they cannot draw upon schemas for previously acquired knowledge. This point was nicely illustrated in a study conducted by Bransford and Johnson. These researchers gave participants a passage to remember, which began as follows:

> The procedure is actually quite simple. First you arrange items into different groups. Of course one pile may be sufficient depending on how much there is to do. If you have to go somewhere else due to lack of facilities that is the next step; otherwise you are pretty well set. It is important not to overdo things. That is, it is better to do too few things at once than too many.

Recalling this passage of text proved to be difficult for participants, even if the title of the piece was given after the passage had been read. Bransford and Johnson found that it was only when the title of the piece ('Washing Clothes') was given *in advance* of the text that subsequent recall was improved. With the title provided beforehand, the passage became more meaningful, and recall performance doubled. The explanation offered for these findings was as follows: providing the title in advance i) explained what the passage was about, ii) cued a familiar schema, and iii) helped people to make sense of the given statements. So it seems that providing a meaningful context improves memory.

It is possible to remember without understanding, though – especially with extra aids provided, such as having the information presented for verification using recognition testing (see Chapter 3). Alba and colleagues demonstrated that, although *recall* of the 'Washing Clothes' passage (referred to in the previous section) was much improved when the title was known in advance, *recognition* of sentences from the passage was equivalent, with or without the title. Alba and colleagues concluded that provision of the title allowed the participants to integrate the sentences into a more coherent unit, which benefited recall – but that this affected only the associations among the sentences, not the encoding of the sentences themselves (which is why recognition performance for the text material was apparently preserved, without provision of the title).

The research conducted with the 'washing clothes' passage illustrates how our previous knowledge helps us to remember information. Bower, Winzenz, and colleagues provided another demonstration. They asked participants to learn sets of words that were presented either a) randomly or b) in a well-organized hierarchy. These researchers found that presenting the words in meaningful hierarchies reduced the learning time to a quarter of that required for the same words when they were randomly positioned. The organization of the hierarchy apparently emphasized nuances of the words' meanings, which appeared not only to simplify the learning of the lists, but also to provide a framework within which the participants could structure their subsequent recall. So organization of memory material may work to enhance *both* i) learning and ii) recall for the same materials.

How does knowledge promote remembering?

As was indicated in Chapter 3, experts in any area find it easier and quicker to learn new information within their expertise than do novices. This finding indicates that what we learn appears to depend heavily on our existing knowledge. For example, Morris and colleagues showed that there was a very strong relationship between how much their participants knew about football and the number of new football scores they could remember after hearing them just once. Participants were read a new set of football scores as they were being broadcast at the weekend. One set of football scores were the real scores, while another set of scores was simulated by constructing plausible pairs of teams and assigning goals with the same frequency as had occurred in an earlier week. Participants in the study were told whether the scores they heard were real or simulated. Only the real scores seemed to activate the knowledge and interest of the football experts. For real scores, level of memory recall was clearly related to football expertise – so more knowledgeable fans recalled more of the scores. But for simulated scores (where the scores were highly plausible but not the genuine results), it was found that expertise had relatively little effect on subsequent recall performance. These findings illustrate the interaction of memory capacity with existing knowledge (and, presumably, interest and motivation, too) in determining what is effectively remembered.

How can knowledge lead to errors?

Our previous knowledge is a very valuable asset, but it can also lead to errors. In one relevant study, Owens and colleagues gave their participants a description of the activities performed by a particular character. For example, one of the sketches was about a student named Nancy. Here is the first part of that sketch:

> Nancy went to the doctor. She arrived at the office and checked in with the receptionist. She went to see the nurse who went through the usual procedures. Then Nancy stepped on the scale and the nurse recorded her weight. The doctor entered the room and examined the results. He smiled at Nancy and said, 'Well, it seems my expectations have been confirmed.' When the examination was finished, Nancy left the office.

Half of the participants were told in advance that Nancy was worried that she was pregnant. These participants included between two and four times as many pieces of incorrect information when tested on their recall of the sketch. For example, some of them recalled the 'usual procedures' that were conducted as comprising 'pregnancy tests'. These types of errors were made in both recognition and recall tests. These findings reflect the fact that people have many expectations about how conventional activities (going to the doctor, a lecture, a restaurant) will proceed – and these expectations provide schemas that can either facilitate or mislead with respect to our memory functioning. In another part of their 'washing clothes' study, Bower and colleagues studied the influence of such schemas on subsequent recall. They gave their participants stories based on normal expectations, but the stories included significant variations from the norm. So, for example, a story about eating in a restaurant might refer to paying the bill at the beginning of the meal. When recalling the stories, participants tended to reorder their recall back to the schematic (i.e. more typical) form of the story. Other common errors that people made involved including actions that would normally be expected in that particular context, but which had not been mentioned in the original story – such as looking at the menu before selecting one's meal.

In general, the findings of these and similar studies indicate that people tend to remember what is consistent with their schemas, but filter out what is inconsistent.

Real versus imagined memories

As was mentioned in Chapter 1, even when we believe that we are literally 'playing back' some previous event or information in our mind, as if it were a videotape, we are actually constructing a memory from bits and pieces that we actually remember, along with our general (i.e. semantic) knowledge about how these bits should be assembled.

This strategy is usually very adaptive, minimizing our need to remember new things that are very similar to things we already know. But sometimes there can be a blurring between what actually happened and what has been imagined or suggested.

Reality monitoring

The issue of reality monitoring – i.e. identifying which memories are of real events, and which are of dreams or other imaginary sources – has been systematically addressed over a number of years by Marcia Johnson and her colleagues. Johnson has argued that qualitative differences between memories are important for distinguishing *external memories* from *internally generated* ones. She contends that external memories i) have stronger sensory attributes, ii) are more detailed and complex, and iii) are set in a coherent context of time and place. By contrast, Johnson argues that internally generated memories embody more traces of the reasoning and imagining processes that generated them.

Although Johnson found support for these differences, applying these proposed distinctions as defining criteria can nevertheless lead to our accepting some memories as real, even when they are not. For example, a study was conducted in the 1990s in which participants were required to recall details from a videotape, and to report both a) their confidence and b) the presence or absence of clear mental imagery and detail. Clear images and details were found to occur more often with correct reports of what had been presented on the videotape. However, the presence of accessible images led people to be overly confident, so that incorrect details accompanied by mental images were reported with greater confidence than correct details that lacked these associated images. These findings seem to indicate there is no completely reliable way of distinguishing between 'real' and 'imagined' memories.

Related to the concept of reality monitoring is *source monitoring* – i.e. being able to successfully attribute the origin of our memories (e.g. being able to state that we heard a particular piece of information a) from a friend rather than b) hearing it on the radio). As we shall see, errors in attributing memories can have important consequences – for example, during eyewitness testimony (Mitchell and Johnson, 2000).

Eyewitness testimony

Even aspects of our everyday environment can be very poorly remembered. For instance, in Chapter 1 we saw that it can be challenging to remember correctly something as straightforward as whether the head on a coin in one's pocket is pointing to the left or to the right. Generally speaking, people are very poor at answering this question, even when they use those particular coins almost every day. Some people might argue, though, that when we observe an *unusual* event (such as a crime), we are in a much better position to remember this effectively than when we are trying to remember the mundane features of a coin. After all, in our everyday lives we don't need to know which way the head points in order to be able to use coins effectively.

However, in a crime situation, we know that many factors work against an eyewitness, and can obscure or distort his or her memory:

- Although enhanced arousal can facilitate memory (as we have seen earlier), when a person is experiencing *extreme stress*, their attention can be narrowed (for example, towards a potentially dangerous weapon) and perception is often biased.

- Related to this last point, people tend to remember more poorly when they are in a *violent situation* – where self preservation is more the priority (for example, one may be allocating one's cognitive resources towards finding an exit route, or finding an item with which one could defend oneself – rather than towards processing the appearance and identity of the perpetrator).
- Associated with the above, a *weapon* located at the scene of a crime can distract a person's attention away from the perpetrator of the crime.
- Although we are much better at *recognizing* faces than *recalling* information, clothing is a particularly powerful source of bias in recognition – so an individual who happens to be wearing similar clothing to the culprit could be incorrectly 'recognized'.
- People tend to be poorer at recognizing faces of individuals from *different racial and ethnic groups* to themselves – even when they have considerable experience of interacting with people from other races (furthermore, this phenomenon doesn't seem to be related to degree of racial prejudice).

Another powerful influence in the distortion of memory is the use of leading questions. 'Did you see *the man who raped* the woman?' is an example of a leading question. It can result in far more confirmations of an alleged crime than a question such as 'Did you see *a man rape* the woman?' So, suppose you witness an accident at a traffic junction, and you are later asked whether the car stopped before or after the tree. Asked such a question, you are subsequently likely to 'insert' a tree into my memory of the scene, even if there was no tree there in the first place. And once the tree has been inserted, it tends to operate as if it were part of the original memory, so that it is difficult to tell the difference between the real memory and what has been subsequently introduced.

One particularly salient example of memory bias was experienced by Donald Thompson, who (ironically, as we shall see) had been very active in arguing for the unreliability of eyewitness evidence.

On one occasion, Thompson took part in a television debate on the very topic of eye-witness testimony. Some time later, the police arrested him, but declined to explain why. It was only after a woman picked him out of a line-up at the police station that he discovered he was to be charged with rape. When he asked for further details, it became clear that the rape had been committed at the same time as he'd been taking part in the television discussion. So he had a very good alibi (of course) with a large number of witnesses, including a police officer taking part in the same discussion! It seemed that, coincidentally, the woman had been raped while this television program was being broadcast in the room in which her rape was committed. This represented a problem with source monitoring, also called 'source amnesia' (or what Dan Schacter, among his 'Seven Sins of Memory', has called *misattribution*; please see Further reading on page 139). So it appeared that the woman's memory of the rapist had been contaminated by the face (of Donald Thompson) that she saw on the television at the same time. (The topic of discussion in the TV programme may also have been highly relevant.) So the woman recognized Thompson's face, but the source of the recognition was misattributed.

On a related topic, other studies have reported situations in which people have been unable to recognize when two people have changed places. This is a phenomenon referred to as 'change blindness', where people are apparently quite poor at judging whether a change has taken place in their immediate environment. Taken together with problems that can arise with eyewitness testimony, change blindness indicates how vulnerable we can be with respect to the inaccurate processing of some information in our immediate environment.

The misinformation effect

The distortion of memory through the incorporation of new information has been an important research topic for researchers concerned both with the practical implications for eyewitness testimony, and with theoretical accounts of the nature of memory. Despite what we know about the fallibilities of memory, considerable weight is typically still placed on eyewitness testimony by the legal profession, the police and the press. But (as we have see in the previous section) eyewitnesses may be expected to produce 'information' that is quite unrealistic in the context of what we know – from carefully conducted scientific experiments – about the way our memories work. Eyewitnesses' reports of crimes may also depend on their emotional investment and their personal perspective; for example, whether they are more sympathetic towards the perpetrator of the crime or towards the victim.

Elizabeth Loftus and her colleagues have explored in depth the *misinformation effect*. Specifically, Loftus and colleagues have repeatedly demonstrated distortions of memory after intervening, misleading questioning or information. This issue arises when misleading information is introduced indirectly. For example, Loftus and colleagues showed participants a series of slides along with the story of a road traffic accident. Later, the participants were questioned about the event. One of the questions was slightly different for half of the participants, in that it referred to a 'Stop' sign instead of a 'Yield' ('Give Way') sign. Participants who were asked a question with misleading information included within it were more likely to affirm that false information in a later recognition memory test. These participants tended to choose the road sign that had been mentioned in the misleading question, rather than the one they had actually seen. The findings are robust and have important implications for the sort of questions that eyewitnesses of crimes and accidents should be asked if their recall is to be as accurate as possible. However, the basis of the misinformation effect continues to be disputed by some researchers. Those who challenge Loftus' interpretation of her findings argue it is indeed possible that the participants' original memories are permanently distorted by the questioning, but it is also possible that the questions merely supplement participants' memories by providing information that the participants would not otherwise be able to remember. This issue will be discussed further later in this chapter.

Overall, however, the central message from these studies is, once more, that memory should not be regarded as a passive process: as we saw in Chapter 1, it is a 'top-down' system influenced by our 'mental set' (our preconceptions, stereotypes, beliefs, attitudes, and thoughts) as well as a 'bottom-up' system influenced by sensory input. In other words, memory isn't solely driven by sensory information derived from our physical environment, with people passively receiving that information and putting it into their memory wholesale. Rather, influenced by our past knowledge and presuppositions, we impose meaning on perceived information, biasing our memories to be consistent with our general world view.

False memories

Related to the misinformation effect, but with more potentially serious consequences, are recovered and false memories. Under therapy, some adults have 'recovered' memories of alleged abuse in childhood that have led to criminal convictions. But in these situations are people truly 'recovering' memories of genuine events that occurred during their childhood, or are they being induced to remember things that didn't actually happen? Substantial research has shown that, under certain circumstances, false memories can be created. Sometimes these are benign – for example, Roediger, McDermott and colleagues have conducted an extensive body of research since the 1990s showing that people can be encouraged to 'remember' an item that is semantically linked to a series of previously presented items, but which itself was not presented (for example, people may come to

10. Our memory for events such as a car accident can be influenced by the kind of question we are asked, such that information can be 'inserted' into our memory. This phenomenon – known as the misinformation effect – has profound implications for eyewitness testimony

remember having been presented with the word 'night', when they were previously presented with a series of words that are semantically associated with 'night', such as 'dark', 'moon', 'black', 'still', 'day' . . .).

Less benignly, it is also possible to create – using suggestions and misleading information – memories for 'events' that the individual believes very strongly happened in their past but which are, in fact, false. So it remains at least plausible that some abusive events that people 'remember' are in fact false memories.

In her laboratory experiments, Elizabeth Loftus found that people respond just as rapidly and confidently to misleading questions as they do to questions phrased without bias. In such situations, even if the participant notices that new information has been introduced, this can still become part of their 'memory' of the incident – so memory bias can be introduced retrospectively (even if it is consciously identified as such). In one experiment, Loftus and Palmer asked some students to watch a series of films, each showing a traffic accident. Afterwards they had to answer questions about the events. One of the questions was: 'How fast were the cars going when they ------- each other?' The gap was filled with a different word for each group of students, and could be any one of the following: 'smashed', 'collided', 'bumped', 'hit' or 'contacted'. What the researchers found was that the students' estimates of the speed of the cars was influenced by the choice of verb in that particular question. Loftus and Palmer concluded that the students' memory of the accident had been altered by the implied information provided in the question.

Loftus and Palmer went on to research this issue further by asking students to watch a film of a multiple-car accident. Again, the students were asked about the speed of the cars, with the word 'smashed' (implying greater collision speed) being used for one group of students and 'hit' for another. A third group of students weren't asked this particular question. A week later, the students were asked to answer more questions, one of which was 'Did you see any broken glass?' at the scene of the accident.

Loftus and Palmer found that not only did the verb used in the speed question influence the students' estimates of speed, but that this question subsequently influenced their answer to the broken glass question that was posed a week later. So, those students who had estimated a higher speed were more likely to remember seeing broken glass at the scene of the accident – although there hadn't, in fact, been any broken glass in the film. Those students who hadn't been asked the speed question previously were least likely to remember seeing broken glass, when asked about this a week later.

In another study, Loftus again showed participants a film of a traffic accident. This time she asked some of the participants:

'How fast was the white sports car going when it passed the barn while travelling along the country road?' In fact, there had been no barn in the film. A week later, those participants who had been asked this question were more likely to say they remembered seeing a barn in the film. Even if participants were asked simply 'Did you see a barn?' shortly after viewing the film, they were more likely – a week later – to 'remember' seeing it.

Loftus concluded from these results that the memory representation of an event can be changed by the subsequent introduction of misleading information. Some researchers have argued, however, that participants in these studies were simply conforming to what was expected of them – just as a child will give the answer they think is expected of them, rather than say that they 'don't know'. However, Loftus proceeded to find more convincing evidence to support her conclusion.

Loftus and colleagues again presented participants with a traffic accident, but this time it was on a series of slides. The accident showed a red Datsun turning at an intersection and hitting a pedestrian, but one group of participants i) saw the car stopping first at a 'Stop' sign, while another group ii) saw it stopping at a 'Yield' sign. The critical question this time was: 'Did another car pass the red Datsun while it was stopped at the Stop sign?' or 'Did another car pass the red Datsun while it was stopped at the Yield sign?'. For half the participants from each group, the word 'Stop' was used, and for the other half of the participants from each group, 'Yield' was used. Half of the participants in each group received information that was consistent with what they had seen in the accident, and the other half of each group received misleading information.

Twenty minutes later, all the participants were shown pairs of slides, where one of each pair of slides showed what they had actually seen and the other was slightly different. The participants had to choose the most accurate slide for each pair. One of the pairs showed the car halting at a 'Stop' sign, while the other slide showed it halting at a 'Yield' sign. The researchers found that those participants who had been asked the question earlier that had been consistent with what they had seen in the original slides were more likely to choose the correct slide when they were asked to choose the most accurate slide, twenty minutes later. By contrast, those participants who had been asked a misleading question earlier were more likely to choose the wrong slide when they were asked to choose the most accurate slide, twenty minutes later. Although somewhat complicated to evaluate, this finding suggests that some people were actually *remembering* according to the information that had been introduced concerning the 'Stop' or 'Yield' sign after the event, rather than simply conforming to what was expected of them – as some of Loftus' opponents had previously suggested (because each participant now had two, equally plausible responses to choose from at the time of test).

These findings have great significance for interviewing techniques undertaken by police officers, lawyers, judges and other workers in the judicial system. Conversely, some other findings suggest that, under certain conditions, memory can operate in such a way that subsequent relevant information is inappropriately *not* incorporated (as it should be). This complementary body of research indicates that, although people may remember corrections to earlier misinformation, they may nevertheless continue to rely on the discredited information (as observed in laboratory investigations conducted by Lewandowsky and colleagues). With respect to real world examples of this phenomenon, consider the following: approximately one year after the invasion of Iraq in 2003, 30% of respondents in a US survey still believed that weapons of mass destruction had been found in the country. And several months after President George Bush declared the war against Iraq to have ended (in May 2003), 20% of Americans believed that Iraq had used chemical or biological weapons on the battlefield during the conflict. Therefore, in

'The Seven Sins of Memory', proposed by Dan Schacter

Dan Schacter has proposed that memory's malfunctions can be divided into seven fundamental transgressions or 'sins':

***absent-mindedness*: a breakdown at the interface between attention and memory – rather than losing information over time, we either did not register the information in the first place, or we don't look for it when it is needed, because our attention is focused elsewhere;**

***transience*: a weakening or loss of memory over time – so we can remember what we did today, but in a few months' time we will most likely have forgotten it due to decay;**

***blocking*: a thwarted search for information that we may be desperately trying to retrieve – the 'tip of the tongue phenomenon' is an example of this malfunction;**

***misattribution*: assigning memory to the wrong source – so you might hear about something on the TV, but later wrongly remember the information as having been passed on by a colleague at work;**

***suggestibility*: memories that are implanted as a result of leading questions, comments or suggestions – together with misattribution, this can cause serious problems in a forensic context;**

***bias*: the powerful influence of our current knowledge and beliefs on how we remember our pasts – so we unconsciously distort past events or learned material in the light of our current perspective, and in our attempts to present ourselves in a positive light to others;**

***persistence*: repeated recall of disturbing information or events that we would prefer to banish from our minds – this could range from an embarrassing blunder at work to a seriously traumatic experience (as in post-traumatic stress disorder).**

some situations, there appears to be a retention of incorrect information in memory – a phenomenon which can also have profound social consequences. Characterizing further the environmental conditions which predispose towards either i) erroneous retrospective bias of memory (identified by Loftus and colleagues) or ii) inappropriate failure to incorporate relevant information presented after the original event (identified by Lewandowsky and colleagues) represents an important challenge for future research.

Chapter 5
Memory impairment

This chapter will consider the condition of memory loss, or 'amnesia' – when memory does not work effectively due to brain injury. With reference to the different subcomponents of memory that were discussed in previous chapters, the focus here will be on the loss of memory in the so-called classical amnesic syndrome. Relevant metaphors will be considered with respect to long-term memory functioning, incorporating the broad working distinction between the 'printing press' (which creates new long-term memories) and the 'library' (which stores older, 'consolidated' long-term memories). Much has been learned about the normal workings of memory through the study of individuals with damaged memory due to brain injury, and this chapter will provide an overview of these important findings. This chapter will also consider how other clinical conditions and mental states can influence memory.

Memory and the brain

So far in this book, we have been primarily considering memory in terms of its functional components and processes – the 'software' of memory, so to speak. But we can also think about memory at another level – in terms of the 'hardware' of the central nervous system that mediates memory. Deep within our brains, memories are sorted (or consolidated) in a part of the brain called the *hippocampus*, which acts as the 'printing press' for new memories. Important memories are 'printed' by the hippocampus, and then filed away (as 'books') indefinitely in the *cerebral cortex*. The cortex is the outer layer of the brain, where a vine-like thicket of billions of nerve cells reverberates via electrical and chemical impulses to retain information. The cerebral cortex may be regarded as the 'library', in which those important long-term memories ('books') that have been 'printed' by the hippocampus are stored indefinitely. (The degree to which the hippocampus

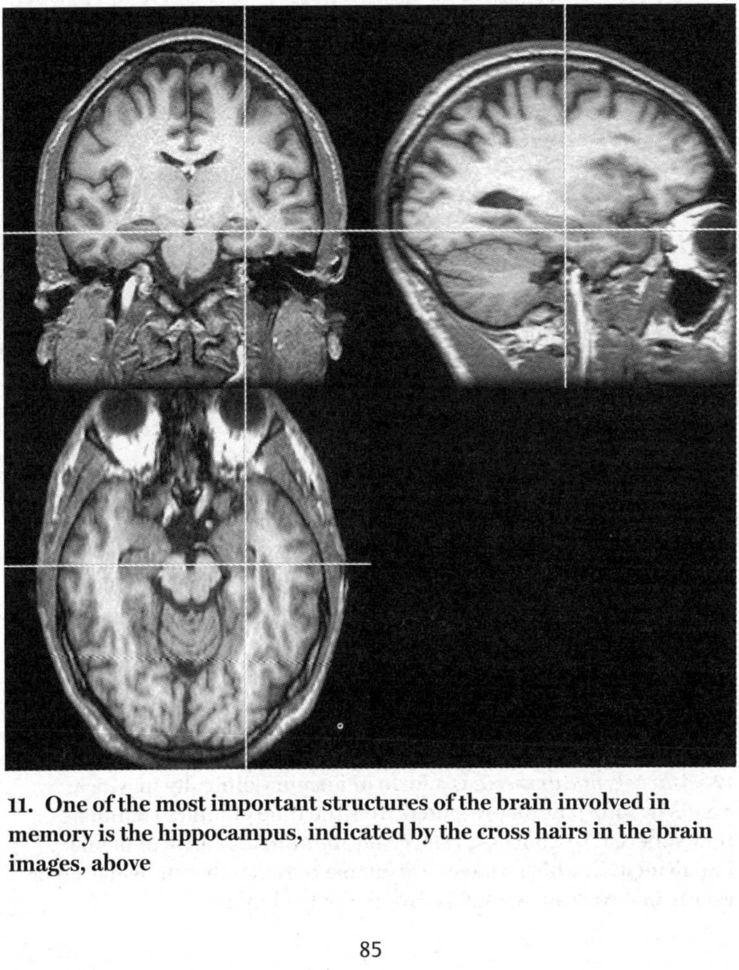

11. One of the most important structures of the brain involved in memory is the hippocampus, indicated by the cross hairs in the brain images, above

remains involved in retrieving these memories over longer time intervals remains – at the time of writing – contentious.)

Much research into memory has focused on what people do, say, feel, and imagine as a result of their previous experiences. But it is also important to consider how past events are reflected in our brain activity – especially in the context of clinical conditions that can impact adversely on memory. We now turn to a consideration of what can happen when the 'hardware' in the brain underlying memory becomes damaged.

Loss of memory after brain injury – the 'amnesic syndrome'

The amnesic syndrome is the purest example of memory impairment, involving some form of specific brain injury (typically involving those parts of the brain known as the *hippocampus* or the *diencephalon*). In the amnesic syndrome, patients exhibit a

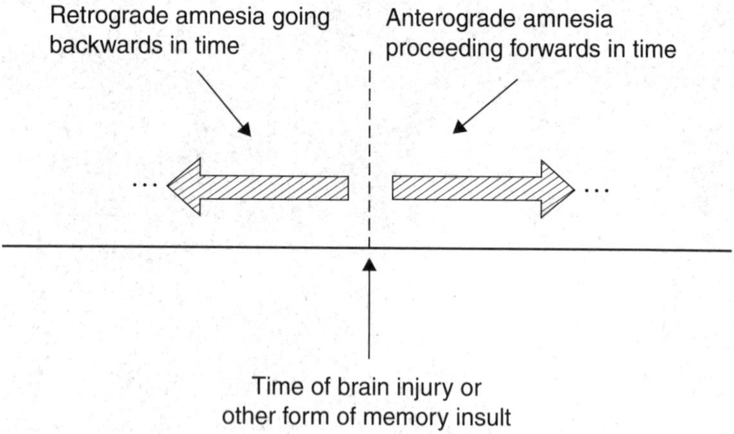

12. *Anterograde amnesia* is a form of memory difficulty in which events or information presented after the time of injury cannot be remembered. By contrast, *retrograde amnesia* is a form of memory impairment in which someone is unable to remember information or events that were presented before the time of injury

severe *anterograde* amnesia and a degree of *retrograde* amnesia: anterograde amnesia refers to a loss of memory for information that occurred after the time of the brain injury that caused the memory loss, whereas retrograde amnesia refers to the loss of information occurring before the injury (see Figure 5).

Here is an account from a famous amnesic patient, NA, who was rendered amnesic after sustaining a very specific and quite unusual brain injury:

> I was working at my desk... My room mate had come in [and] he had taken one of my small fencing foils off the wall and I guess he was making like Cyrano de Bergerac behind me... I just felt a tap on the back... I swung around... at the same time he was making the lunge. I took it right in the left nostril, went up and punctured the cribriform area of my brain.

What follows is an excerpt from the interesting and revealing conversation that patient NA held with a psychologist, Wayne Wickelgren, who was introduced to NA in a room at the Massachusetts Institute of Technology (MIT) in the USA. NA heard Wickelgren's name and he said:

> 'Wickelgren, that's a German name isn't it?'
> Wickelgren said, 'No.'
> 'Irish?'
> 'No.'
> 'Scandinavian?'
> 'Yes, it's Scandinavian.'

There followed five minutes of further conversation between NA and Wickelgren, then Wickelgren left the room. Five minutes later, Wickelgren returned. NA apparently looked at Wickelgren as if he had never seen him before, and the two people were therefore reintroduced. The following conversation then ensued:

'Wickelgren, that's a German name isn't it?'

Wickelgren said, 'No.'

'Irish?'

'No.'

'Scandinavian?'

'Yes, it's Scandinavian.'

Note that – from the above account – not all types of memory are abolished in NA, as NA retains his knowledge of language; for example, he understood what was said to him, and he produced sensible verbal utterances. Related to this point, his semantic memory is at least partially preserved (see Chapter 2). In addition, NA's working memory abilities are sufficiently preserved for him to keep track of what is being said in the conversation. What NA seems to lack is *the specific ability to retain new information over any significant period of time*. In other words, he lacks the ability to put new information into long-term memory. This is one of the central characteristics of the amnesic syndrome.

More generally, in people with the amnesic syndrome, intelligence, language, and immediate memory span are maintained. But long-term memory is severely impaired. The nature of this impairment is a matter of considerable debate, with some theorists having argued that there is a selective loss of *episodic* memory in the amnesic syndrome (where episodic memory is defined as memory for the events of your life that you have experienced; see Chapter 2). By contrast, other researchers having argued for a wider ranging deficit in classical amnesia encompassing *declarative* memory (which refers to memory for facts, events or propositions that can be brought to mind and consciously expressed; it overlaps significantly with the concept of explicit memory, discussed in Chapter 2). By contrast, the amnesic syndrome appears to have little effect on procedural or implicit memory (such as remembering how to drive), and even

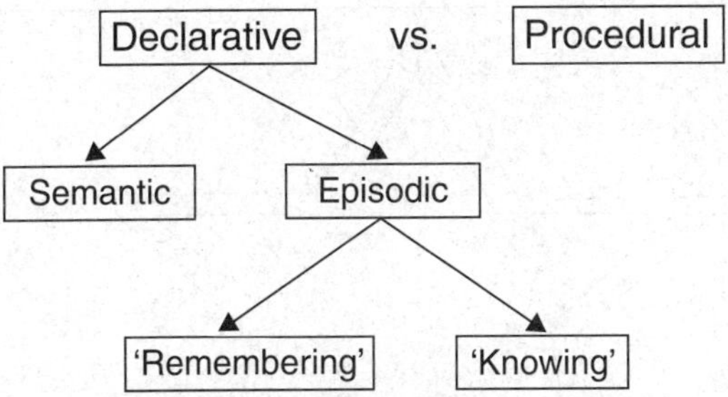

13. Squire proposed a model that differentiates within long-term memory between declarative (or explicit) memory versus procedural (or implicit) memory, with only declarative memory being compromised in the amnesic syndrome

new procedural memories can be formed effectively (that is, new skills or habits can be acquired effectively, such as – say – juggling or riding a monocycle).

The classical amnesic syndrome typically involves damage to the hippocampus and to closely connected brain regions such as the thalamus in the diencephalon. It therefore appears that damage to the hippocampus and the thalamus can prevent new conscious memories from being formed. Moreover, when individuals with amnesia learn new skills, they appear to achieve this without awareness. HM, who had had his hippocampus surgically removed, was eventually able to solve a complicated puzzle, called mirror drawing, that he attempted over many days (see figure 14). Yet, each time he was given the task to complete, he denied having ever seen this puzzle before!

This is a very important point when considering the way in which different aspects of memory *fractionate* or *dissociate* after brain injury, and may be useful when considering possible methods of rehabilitation for people with memory disorders. It can also tell us some important information about the way in which memory is organized in the healthy or non-damaged brain. Specifically, it has

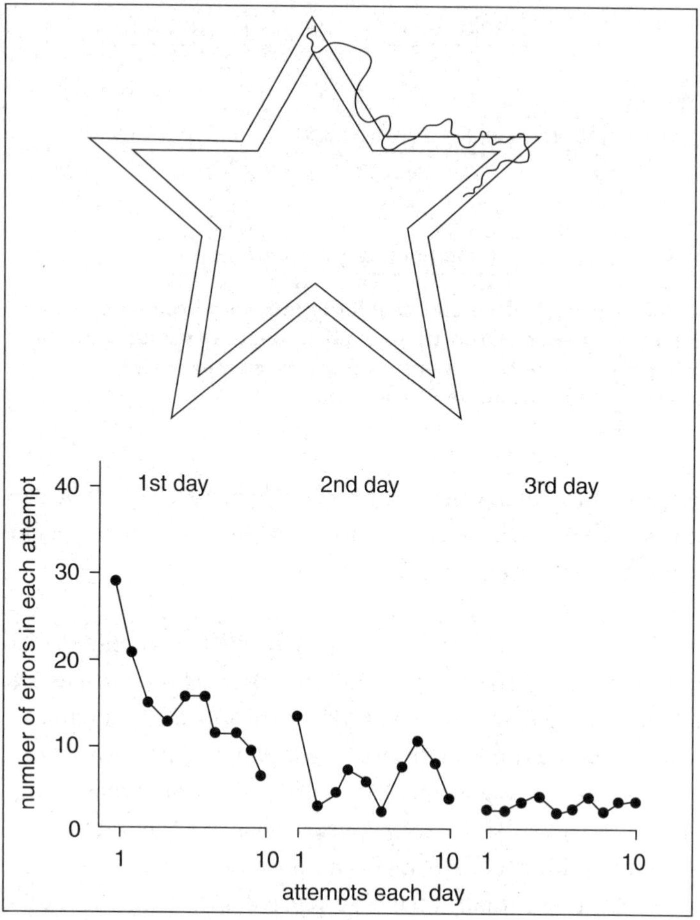

14. Patients with the amnesic syndrome are typically able to learn to perform a complicated task, called mirror drawing, attempted over several days – yet each time they are given the task to complete, they may well deny having ever undertaken the task before! (Individuals with amnesia typically perform normally, or very close to normally, on a wide range of implicit or procedural memory tasks)

been famously suggested (by Kenneth Craik) that, for complex systems such as the brain, we may learn more about the functional relationships in these systems i) when they cease to function properly rather than ii) when everything is working smoothly. Furthermore, as we saw in Chapter 2 several proposed functional distinctions in memory have been proposed in an attempt to understand findings that have been obtained in evaluating both a) healthy individuals and b) people with different forms of brain injury. Both of these sources of information have provided insightful findings pertaining to the organization of human memory.

On a related theme, there was a tendency in the past to categorize together all the different subtypes of amnesia according to whether an individual had an identifiable functional memory problem. But it is now apparent that different subtypes of amnesia have different characteristics, depending on the precise location of the brain damage. In future, we need to develop a more informed taxonomy of different memory-related brain disorders.

Making inferences about memory and the brain

The study of amnesia has been important in recent years as a) a way of discriminating between certain types of memory processes, and b) in linking deficits in remembering with specific neurological structures that are often damaged in patients with memory problems. In addition, the development of brain imaging techniques such as functional magnetic resonance imaging (fMRI) and positron emission tomography (PET) has added significant new *convergent* information by allowing us to study the parts of the brain that are active when non brain-damaged people remember. Brain imaging has also proven very useful for investigating a range of other clinical conditions and states in which different types of memory loss can be implicated, including (but not limited to) conditions as wide ranging as depression, stroke, post traumatic stress disorder, fatigue, schizophrenia, and déjà vu (see Chapter 3). There have even been some recent controversial suggestions that functional imaging can be used to evaluate the guilt or innocence of a potential criminal, by determining whether someone has a 'memory' for events and/or locations specifically associated with the crime.

But inferring generalizations about memory and the brain is difficult, because remembering is a complex process – involving many cognitive subcomponent processes (see previous chapters of this book) subserved by a constellation of brain mechanisms. That is, many parts of the brain are active when someone is remembering. This has been vividly illustrated by brain imaging studies conducted over the past several decades, implicating a host of brain regions that previously were not strongly associated with memory (such as the prefrontal cortex, located just above and behind the eyes, in encoding and retrieval). It is therefore challenging to seek to isolate neural activity that might be unique to remembering. This valid point notwithstanding, certain parts of the brain do seem to be important to memory, in particular.

Testing amnesia

Temporal lobe amnesic patients (such as HM in Boston or SJ, whom we have studied in Perth, Australia) have taught us a lot about the neurological basis of memory. In particular, it seems that important elements of long-term memory are served by the hippocampus, deep within the temporal lobe of the brain. Patient HM received surgery for the treatment of intractable epilepsy in 1953. The surgeon removed the inner face of the temporal lobe in each hemisphere, including parts of the hippocampus, the amygdala, and the rhinal cortex. Since this time, HM has remembered almost nothing new, though he still seems to remember some events in his life from before the surgical procedure. His other cognitive skills (e.g. intelligence, language, immediate memory span) seem to be unaffected. Furthermore, as we saw previously, people with the amnesic syndrome are capable of learning new motor skills, like mirror drawing (Figure 14), and perceptual skills like completing pictures – although he does not remember doing so.

Here is an example of a typical memory testing interview conducted with patients like HM. Before testing begins, HM introduces himself and talks with the neuropsychologist for a few minutes, having not met him before. The neuropsychologist asks HM what he had for breakfast that day: he does not remember. Systematic testing of memory then begins. The neuropsychologist removes a collection of photographs of faces from his briefcase. He shows some to HM, who studies them carefully. But a few minutes later, HM cannot identify which faces he has just seen and which ones he did not. His performance on this task is considerably lower than that of a comparison, control participant – who is of a similar age, gender, and background to HM, but who has not sustained brain damage. The same findings are obtained with a list of words that are read out aloud to HM, and which he is later asked to remember. The neuropsychologist then shows HM an elementary line drawing and asks him if he can identify it. HM correctly identifies this line drawing as a chair. He is also able to repeat a string of six numbers immediately after hearing them. The neuropsychologist leaves the room, and HM waits in the room, reading a magazine. Twenty minutes later, the neuropsychologist returns. HM clearly does not recognize the neuropsychologist: HM stands up, and politely introduces himself again. (We have obtained a similar pattern of findings in Western Australia with patient SJ.)

HM and SJ are both particularly 'pure' amnesic patients, i.e. they have a highly selective memory loss. SJ's brain damage is more confined to the hippocampus than HM's, but they appear to manifest similar clinical and test profiles. HM's and SJ's short-term memory is intact, but their memory for everyday events is disastrously impaired. It was initially suggested that HM's brain damage left him specifically unable to consolidate (i.e. store) new memories. However, since this time, it has been recognized that HM and other temporal lobe amnesic patients such as SJ can learn new skills and perform implicit memory tasks, as we have previously noted. It therefore seems unlikely that a straightforward consolidation failure can account for all of the symptoms in such individuals.

However, there is current controversy regarding the extent to which 'old' memories from before the time of the brain injury can be accessed by patients such as HM and SJ. So, more than fifty years after his surgery, neuroscientists still do not agree on exactly why HM shows his characteristic profound memory loss. Nonetheless, HM's case – and that of other similar patients with the amnesic syndrome – has focused considerable attention on the hippocampus as a core memory structure. This has proved to be a crucial step in increasing our knowledge concerning the 'hardware' of the brain underpinning memory, and in developing neuroscientific theories of information storage.

Amnesia has profound philosophical implications, given the degree to which our ongoing sense of personhood, self, and identity is intimately entwined with our memory. And at a practical level, memory loss is extremely debilitating given the range of everyday activities in which memory is important, and it can place great strain on carers. For example, it can be extremely frustrating for a carer to be asked the same question or to do the same thing over and over and over again, because someone can't remember having asked the question or done the task before. Some memory strategies have been found to be reliably effective for people with memory loss after brain injury, such as errorless learning techniques (see Chapter 7). External aids, such as personal organizers – which prompt people at certain times to do specific things – can help in cases of memory loss. But memory is not like a muscle that can be improved by repetitive exercise. So by remembering reams and reams of Shakespeare, you won't improve your general memory ability, unless in practising Shakespeare you devise more general memory strategies or techniques that can then be applied in other domains (such as using visual imagery; see Chapter 7).

Assessment of memory disorders

It is important in both clinical practice and research to carry out a range of systematic assessments of patients with memory disorders. Memory impairments sometimes occur in isolation, as in the case of HM, SJ or NA. But this is a very rare occurrence. For example, one of the more common forms of memory impairment is found in 'Korsakoff's syndrome', which usually affects other psychological capacities in addition to memory. Therefore, it is advisable to assess other mental abilities such as perception, attention, and intelligence – as well as language and executive functions – in someone who presents with memory loss.

For amnesic patients, psychologists often begin an assessment with the Wechsler Memory Scale (WMS, now in its third edition, the WMS-III). But other tests are also useful; for example, the Wechsler Adult Intelligence Scale (WAIS, also now in its third edition, the WAIS-III) might also be used, so that performance on the WAIS-III can be compared to that on the WMS-III. If there is a substantial difference between the WMS and WAIS scores, this indicates that the amnesic person has a particular impairment in memory – but not in 'intelligence' *per se*.

Intelligence should be assessed both currently using the WAIS (or a similar instrument) and premorbidly (using an indicator of IQ from before the illness), to determine if there has been any significant decline in intelligence over time, as a consequence of the clinical disorder.

Both the WAIS and WMS scales are periodically updated, and are standardized with respect to the normal healthy population. This is typical of most commercially available psychometric tests. So the WMS-III or the WAIS-III can be administered, and the results compared against the general population. The Wechsler test scales have been devised such

that the mean of the general population is 100, with a standard deviation of 15. So anyone scoring 85 on the WAIS-III is scoring one standard deviation below the mean of the general population.

However, the assessment of memory provided by the WMS-III is not comprehensive, and other tests of memory and (if possible) other cognitive capacities should also be given when evaluating amnesia. These include assessment of remote and autobiographical memory. Clinical questionnaires about memory can also yield valuable information that psychometric measures do not necessarily provide – in particular, an important insight into the patient's everyday difficulties may be provided by the caregiver or by the patient themselves. Furthermore, although a memory impaired person may not be totally accurate in completing such questionnaires, one may be able to gain some insight into the patient's own perception of his or her memory functioning through the administration of such instruments.

As an overview of amnesia, note:

- new learning of information over a substantial time span may be impossible, even though people with amnesia can typically recite back normally information within their working memory span
- individuals with amnesia may well retain childhood memories, but typically find it almost impossible to acquire new memories – such as the names of people they just met
- amnesic people may well remember how to tell the time, but not remember what month, date or day it is currently, or be able to learn the layout of a new house
- people with amnesia may be able to learn new skills like typing; despite behavioural evidence of this new learning, they may deny having ever used a keyboard the next time they sit down to type!

15. In the fugue state, someone apparently loses track of their personal identity and the memories that went with it. This condition may be caused by a traumatic event such as an accident or crime. Such a scenario is depicted in the film *Suspicion*, directed by Alfred Hitchcock

Psychogenic amnesia

Not all memory disorders result from illness or injury. In 'psychogenic amnesia', there is usually a functional impairment of memory, but no tangible evidence of neurological brain injury.

For example, there are instances of individuals entering a *dissociative state* when they seem to become partly or wholly separated from their memories. This is often caused by an event of a violent nature, such as physical or sexual abuse, or having committed or witnessed a murder. An example of a dissociative state is the fugue state, when someone loses track of their personal identity and the memories that went with it. Individuals experiencing a fugue state are usually unaware that anything is wrong, and will often adopt a new identity. The fugue only becomes apparent when the patient 'comes to', days, months, or even years after the precipitating event – often finding themselves some distance from where they were originally living (the term 'fugue' is, in fact, derived from the Latin for 'flight').

Another form of dissociative state is 'multiple personality disorder', in which a number of personalities apparently emerge to manage different aspects of an individual's past life. For example, in the case of the notorious Los Angeles Hillside Strangler in the late 1970s, Kenneth Bianchi was charged with the rape and murder of several women, but despite strong evidence against him, he persistently denied his guilt and claimed that he knew nothing about the crimes. Under hypnosis, however, another personality called 'Steve' emerged. 'Steve' was very different from 'Ken', and claimed responsibility for the murders. When removed from the hypnotic trance, Kenneth Bianchi could apparently remember nothing of the conversation between Steve and the hypnotist. If two or more personalities can exist within the same individual, this obviously creates significant legal problems in terms of which person should be charged with the crime! However, the ruling went against Bianchi in this case – because the court refused to accept that he genuinely possessed two different personalities.

In his trial, a number of psychologists pointed out that Bianchi's other personality emerged in hypnotic sessions – in which the examiner had actually suggested to Bianchi that he would reveal another part of himself. Hypnosis is itself a controversial technique, in terms of whether it can truly induce a qualitatively different state of consciousness. Furthermore, a specific issue here is whether the hypnotic effects were simply due to compliance with instructions given by the examiner – an issue analogous to one of the main issues under consideration with respect to many of Elizabeth Loftus' findings and their implications regarding the plausibility of eyewitness testimony (see Chapter 4). In the context of Bianchi, hypnosis may have allowed the suggestion that another personality could exist – and Bianchi may have seized the

16. 'Multiple personality disorder' is a controversial dissociative state in which a number of personalities apparently emerge to deal with different aspects of an individual's life; a rather exaggerated version of this Syndrome was depicted in the book *Dr Jekyll and Mr Hyde*

opportunity to confess via this conduit. Furthermore, Bianchi's general knowledge about psychiatric illness – together with his knowledge concerning previously reported cases of multiple personality – may have provided him with a basis for responding more veridically under hypnosis (i.e. at the time when the examiner had suggested to Bianchi that he would reveal another aspect of himself).

Because of its dramatic nature, so-called multiple personality disorder has been the subject of intense media interest, and a number of popular books describing individual cases have appeared. *The Three Faces of Eve* and (more recently) *Primal Fear* are two examples of successful films based on this rare disorder. In the more recent *Primal Fear*, the film portrays a man accused of murder successfully 'faking' multiple personality disorder, and being acquitted of the crime for which he was indeed responsible.

In everyday life, it seems that memory loss is indeed sometimes malingered or 'faked', and detection of malingering remains a challenge in a medicolegal context. By malingering or 'faking bad', we are here referring to an individual consciously performing at a lower level than that at which the same individual could perform if they were trying to the best of their ability. Less controversially, in recent times this phenomenon has been referred to as manifesting lowered (or reduced) effort – a more objective and less emotive term than malingering. The manifestation of reduced effort may be mediated consciously (e.g. for financial reward, or to generate increased attention from caregivers), or the motivation might be at a deeper unconscious level. Whatever the source of the motivation to 'fake bad', reliable techniques are fortunately now available to relevant professionals, enabling them to distinguish between those individuals with and without an objective memory impairment, and those that are exaggerating.

Chapter 6
The seven ages of man

Memory development

Referring back to the tripartite distinction between encoding, retention, and retrieval cited in Chapter 1, memory development can be regarded as the gradual emergence of more complex strategies for encoding and retrieving memories (with storage processes being relatively constant through development). This is especially the case as semantic knowledge increases and language becomes available. For example, there is evidence that increasing semantic knowledge enhances the way in which information in permanent memory can be accessed, and that the acquisition of language allows children to be able to encode materials more richly in terms of verbal labels – and use those labels as cues at retrieval. There is also evidence that the development of other cognitive skills can impact positively upon memory capacity; for example, the development of problem solving and hypothesis-testing skills may be relevant when trying to retrieve memories and when seeking to determine whether retrieved information is veridical.

With respect to explicit memory capacity, there is evidence of a graded emergence of full capacity – such that even young infants seem capable of recognition memory (for example, for the face of a caregiver), while rudimentary recall ability seems to be present by around five months of age. There is now an impressive body of evidence indicating that even pre-linguistic infants can manifest memory which is enduring and specific. These findings have been amassed using techniques which do not involve language, such as comparison, habituation, conditioning, and imitation – together with some techniques adapted from the non-human literature (such as delayed response and delayed non-matching to sample). Researchers such as Rovee-Collier have argued that the mechanisms underlying memory processes are fundamentally the same in infants and adults: information is forgotten gradually, recovered by reminders, and modified by new information that overlaps with previously information. However, as children mature memories are retrieved faster after longer delays, and via a range of different retrieval cues.

Studies of implicit memory (or memory without awareness; see Chapter 2) indicate that this may be intact in children as young as three years of age (for example, perceptual learning, verbal priming). Of note, this aspect of memory does not appear to show such a striking developmental improvement, perhaps related to this form of memory being mediated by evolutionarily longer established brain regions. In fact, there has been some suggestion that implicit memory doesn't improve much beyond childhood. By contrast, there seems to be a progressive development of meta-memory skills (i.e. knowledge about and regulation of memory processes), such that children develop a better awareness of how good or poor their memory is in particular situations, and how likely they are to be able to remember certain pieces of information. There is evidence of slightly later maturation of these capacities though (compared with what might be considered the 'core' memory of capacities of encoding, retention and retrieval). This is perhaps related to the relatively slow neural maturation of the frontal lobes of the brain through adolescence. As the name suggests, this is the part of the brain which occupies the front portion of the skull. (This brain region appears to have developed disproportionately in humans relative to other mammalian species.) We will discuss this brain region further, later in this chapter, in the context of ageing.

The question of what underlies memory development is yet to be fully answered. Children's state of knowledge and other abilities that may impact upon memory (such as their linguistic and visuo-spatial abilities) are undoubtedly important. But the neural maturation of the brain and other biological factors are likely to be critical too. One interesting aspect of children's memory, which remains rather enigmatic, is the occurrence of 'infantile amnesia' – whereby most people cannot reliably remember information from before the age of about four years. It is not clear whether this phenomenon is due to i) biological processes, ii) state-dependent shifts in our mental state or 'set' from early childhood to later stages of life (which – as we saw in Chapter 3 – can prevent us from recalling information reliably), or to iii) some combination of these processes. One suggestion is that memories of earlier experiences before the age of 4 may well exist, but in a neural and/or psychological form which means that the individual can no longer access them as memories of specific experiences.

An anecdotal example of infantile amnesia and the seductive quality of childhood 'memories' was presented by the eminent Swiss developmental psychologist, Jean Piaget, who wrote: 'One of my first memories would date, if it were true, from my second year. I can still see, most clearly, the following scene, in which I believed until I was about fifteen. I was sitting in my pram, which my nurse was pushing in the Champs Élysées, when a man tried to kidnap me. I was held in by the strap fastened round me while my nurse bravely tried to stand between me and the thief. She received various scratches, and I can still see vaguely those on her face. Then a crowd gathered, a policeman with a short cloak and a white baton came up and the man took to his heels. I can still see the whole scene, and can even place it near the tube station. When I was about fifteen, my parents received a letter from my former nurse saying that she had been converted to the Salvation Army. She wanted to confess her past faults, and in particular to return the watch she had been given on this occasion. She had made up the whole story, faking the scratches. I, therefore, must have heard – as a child – the account of this story, which my parents believed, and projected it into the past in the form of a visual memory.'

Consistent with this account by Piaget, older children and adults may be able to remember early life events relatively well in general terms, but have problems specifying their origin because of the relative fragility in childhood of memory for context. So Piaget 'remembers' the event as it was told by the nurse (stating that 'I can still see, most clearly, the following scene . . . '), but at the same time he is apparently unable to appreciate fully (as a teenager) that the nurse was the source of this version of events – which, in reality, did not take place. Furthermore, early memories may be difficult to localize because they have been retrieved (and re-encoded) many times – and therefore cannot be reliably linked to a specific time or place. As previously discussed, context shifts (see Chapter 3) between the time of encoding and the time of retrieval may be especially relevant when adults are trying to retrieve events that were encoded during childhood. These possibilities are not mutually exclusive, but they are very difficult to investigate in a systematic, scientific manner.

As we saw in Chapter 4, we are all vulnerable to distortions in our memory. However, this may be especially the case when reflecting on events in our childhood, because of difficulties specifying a particular source and context. This has especially important implications when considering issues such as eyewitness testimony; the majority of evidence indicates that children are capable of providing accurate eyewitness testimony about personally significant events in their lives. However, the literature also indicates that, like adults, children's memory can be adversely influenced by false suggestions – but perhaps more so.

17. Older children and adults may be able to remember early life events relatively well in general terms, but have problems specifying their origin because of the relative fragility in childhood of memory for context. Piaget apparently 'remembered' the attempted kidnapping which allegedly occurred when he was in his pram in the Champs Élysées – even though he knew, logically, that the event had not taken place

Memory and ageing

An issue of relevance to all of us concerns our memory capacity as we age. Everyone experiences memory lapses, failure, and errors, but there may be a tendency in old people to attribute these automatically to the effect of ageing, rather than just to normal individual variability (with ageing being but an incidental factor). This important point was captured several centuries ago by the famous scholar, raconteur, and wit Samuel Johnson when he wrote:

> There is a wicked inclination in most people to suppose an old man decayed in his intellects. If a young or middle-aged man,

> when leaving a company, does not recollect where he laid his hat, it is nothing; but if the same inattention is discovered in an old man, people will shrug up their shoulders, and say, 'His memory is going'.

Given the progressive increase in the average age of the population that is currently occurring (and will – most likely – continue to occur) in the majority of countries, it is nevertheless important to identify what (if any) are the scientifically established memory changes that can be identified as a consequence of ageing. However, there are some significant methodological issues that need to be taken into consideration in this field. For example, if we compare the memory of 20-year-olds today with 70-year-olds today, there is a whole range of different factors that could explain differences in memory performance between these two groups of individuals – apart from the fact that the 20-year-olds are 50 years younger. For example, education and healthcare over the lifespan of the current 70-year-olds is likely to have been significantly inferior to that received by the current 20-year-olds. These extraneous – or confounding – factors could distort the outcome of studies into the effect of ageing on memory if we were to contrast the memory capacity of current 20-year-olds with the memory of current 70-year-olds.

Comparing the memory of current 20-year-olds with the memory of current 70-year-olds is an example of a *cross-sectional* experimental design. By contrast, in a *longitudinal* study the aim is to follow the same people across their lifespan from the age of 20 to 70, to see what changes in memory occur *within the same individuals* as people age. There are some advantages to this longitudinal method, in that we are comparing memory changes occurring in the same people. However, it has been noted that there is a tendency for a disproportionately large number of high-functioning people – that is, individuals with better preserved memory and other cognitive functions – to remain in a longitudinal study. (These people are sometimes called *super*

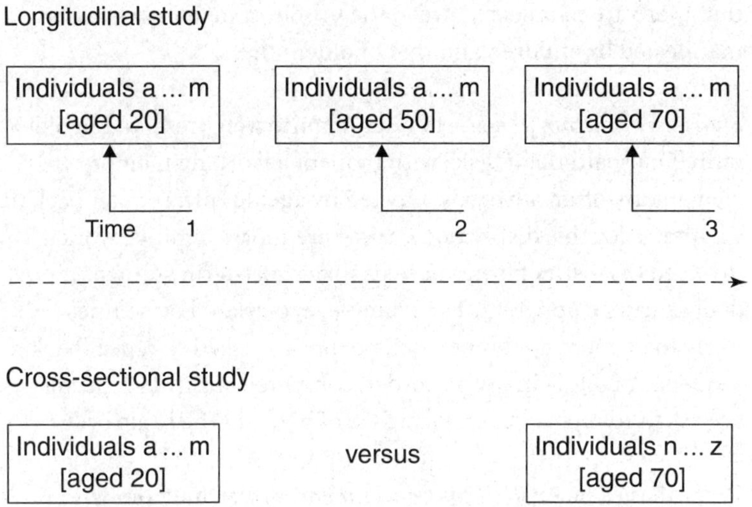

18. In a *longitudinal* study, we would follow the same people across their lifespan from the age of 20 to 70; whereas comparing the memory of current 20-year-olds with the memory of current 70-year-olds represents an example of a *cross-sectional* experimental design. There are pros and cons with each approach

controls or *super normals*.) In other words, what seems to happen in some longitudinal studies is that the people who are receiving positive feedback (related to their relatively well preserved functional capacity) from participation in a longitudinal study may continue to participate – whereas people who are struggling drop out. This may well result in an artificially positive impression of the effects of ageing. The other problem is – of course – finding someone (or, more likely, a team of people) who will be scientifically active for long enough to conduct longitudinal research, and analyse the data over a 50-year time period! In summary, both cross-sectional and longitudinal study designs have relative strengths and weaknesses.

Taking into consideration the findings of both cross-sectional and longitudinal studies, some consistent findings have emerged from studies into ageing and memory. In particular, it is noteworthy that there are parallels between the profile of memory capacity manifested by children and that of older adults.

Short-term memory seems to remain quite well preserved in older individuals, although tasks with more of a working memory element are often adversely affected by ageing (please refer back to Chapter 2 for this distinction). So where more cognitive work is involved (as distinct from more passive short-term storage) then deficits can be apparent. For example, age-related difficulties are likely to be more apparent when people are asked to repeat back a sequence of digits in reverse order, compared with when people are asked to repeat back a sequence of digits in the same order.

Performance on *explicit long-term memory* (i.e. memory with awareness of the memory experience; see Chapter 2) tasks typically declines significantly, especially on measures of free recall, although recognition holds up well with age. Recognition does seem to change qualitatively, though – by apparently becoming more familiarity based. So when recognition demands contextual memory (i.e. the more recollective component of recognition memory that we have considered previously; see Chapter 3), deficits do emerge with age. This may mean that older people (similar to children; see earlier in this chapter) are more susceptible to suggestion and bias in their memory. This could have important consequences in a real world context; for example, when older people are using their memory to make important decisions about matters such as their financial assets.

Implicit memory (i.e. memory without awareness, typically tested indirectly via the evaluation of changes in behaviour rather than recollection of the memory experience) seems to decline little with age. For example, an intriguing study of typing supporting this conclusion was conducted by Hill (1957), and involved learning to type a passage of text aged 30 and then testing himself again aged 55 and 80! So not only does implicit memory mature relatively early in children, but it seems to hold up well in old age.

There is little effect of ageing on *semantic memory*. In fact, this capacity seems to improve throughout life. For example, people's vocabulary and general knowledge usually increases as they get older (although they may experience greater problems accessing the relevant information; for example, with respect to the tip of the tongue phenomenon that we have considered in Chapters 2, 3, and 4). It has been suggested that the accumulation of information in semantic memory over the lifespan could explain why certain professions, in which the demands appear to load significantly on semantic knowledge, are occupied predominantly by older individuals (for example, high court judges, novelists, company chairpersons, admirals, professors, generals).

There is some evidence that age-related memory loss arises partly from relative degeneration in the frontal lobes of the brain, mediating the strategic and organizational aspects of memory. As mentioned earlier in this chapter, this portion of the brain appears to have developed disproportionately in humans relative to other species. As we noted, in children the emergence of meta-memory (i.e. one's awareness of one's memory abilities) also seems to be related to frontal lobe maturation, and there is evidence that age-related deterioration in meta-memory is associated with frontal lobe dysfunction. Prospective memory – or remembering to do something in the future – is another aspect of memory that has been linked to frontal brain functions; and, indeed, there is evidence that this capacity is adversely affected by ageing. The bottom line is that the frontal lobes seem to mature relatively late in life but start to deteriorate relatively early. Consistent with this, it has been suggested that the effects of frontal lobe dysfunction on memory can be detected in children and also in older people.

There is also evidence that age-related loss of memory capacity may be linked to a reduction in cognitive processing speed as we get older. Other proposals have suggested that age-related memory changes are caused by reduced inhibition, limitations in attention, and/or reduced contextual or environmental support.

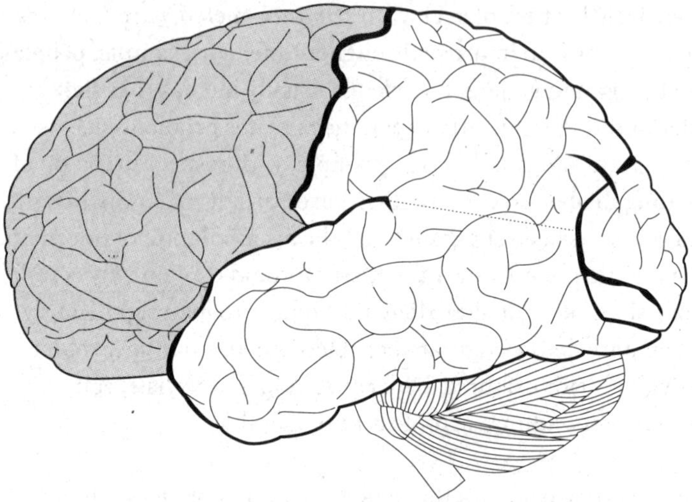

19. There is some evidence that the frontal lobes of the brain (which are disproportionately large in humans and are shown shaded on the left of this figure) mature relatively late in development and deteriorate relatively early, influencing the strategic and organizational aspects of memory

As with the 'frontal lobe hypothesis' of ageing, each of these accounts has limitations – but they have all generated interesting research questions.

One area of considerable interest is whether the changes in memory due to 'normal' ageing are necessarily hallmarks of further decline in brain capacity. An entity referred to as 'mild cognitive impairment' (MCI) has been defined as an intermediate category between normal ageing and clinical dementia. It has been proposed that MCI may be memory specific ('amnestic MCI') or may involve multiple cognitive domains ('multi-domain MCI'). It seems that a higher proportion of people diagnosed with MCI convert to full-blown dementia within a few years of the identification of this condition, but some people with MCI do not progress to dementia. Given the current 'demographic time bomb' of increasing numbers of elderly individuals living in most countries, at the present time there is considerable investment of resources directed at seeking to identify the factors that influence the progression from MCI to dementia. For example, recent evidence has indicated that factors such as exercise and a healthy diet (especially diets low in saturated fats and high in antioxidants) are not only healthy for the body, but they may well also help the brain to function well into old age.

In addition, mental exercise (such as crosswords, chess – and learning news skills such as information technology) may well be useful in maintaining neurological and psychological capacity. Moreover, research findings indicate that the brain maintains a degree of growth and repair capacity across the lifespan that can be induced by stimulating mental activity and exercise. This is an especially important consideration with respect to the optimal living environment for older individuals (for example, those who are admitted to residential homes due to physical frailty or cognitive difficulties). The hippocampus (part of the brain that appears to be centrally involved in memory consolidation, especially with respect to episodic memory – see Chapters 2 and 5) may be especially sensitive to neural regrowth and/or increased connectivity after mental stimulation or exercise.

With respect to age-related clinical disorders, memory dysfunction is typically an early hallmark of dementia. In particular, deficits in episodic memory and hippocampal functioning characterize the earliest stages of the most common form of dementia, senile dementia of the Alzheimer type. Episodic memory impairment can occur in relative isolation in the early stages of the illness. But later on in dementia, many other cognitive capacities can be affected – such as language, perception, and executive functions. It has also been suggested that the central executive of working memory (see Chapter 2) can be differentially impacted in Alzheimer's disease. Unlike people suffering from more selective forms of amnesia (see Chapter 5), people with Alzheimer's disease can be impaired on some tests of implicit as well as explicit memory, especially in the later stages of the illness – reflecting the

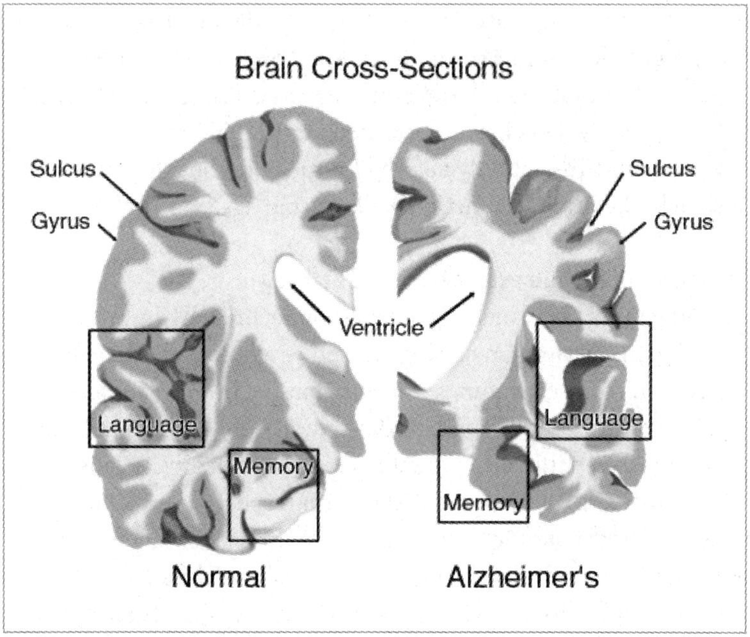

20. This figure shows shrinkage in the brain of someone with Alzheimer's disease (right) compared with a healthy elderly person (left). The parts of the brain subserving episodic memory are affected early in this illness

progression of the brain damage in this devastating illness. Another form of neurodegenerative illness has been termed semantic dementia. In contrast to Alzheimer's disease, this type of dementia involves a profound breakdown of semantic memory (see Chapter 2), such that people with this illness lose the ability to recognize familiar objects such as cups, tables, or cars.

At the moment, drug treatments that are available for dementia are symptomatic, treating the effects of the disease (such as reduced neurotransmission in the brain) rather than the fundamental causes of the illness. Furthermore, current treatments are not able to prevent the relentless progression of a neurodegenerative illness like Alzheimer's disease. This may change in the future, through techniques such as stem cell therapies or brain prostheses. In addition, cognitive rehabilitation techniques are effective in maximizing available memory capacity in people with neurodegenerative illness – helping to enhance self esteem and emotional status as well as functional capabilities (see Chapter 7).

As more diagnostic tests and possible treatments have become available, there is increasing interest in identifying measures of memory and cognition that are both sensitive and specific for MCI and dementia. If cognitive decline can be identified early enough, there is a greater chance that any degenerative process can be treated (or at least ameliorated) effectively.

Chapter 7
Improving memory

Many seminars, courses, and books are available in the commercial marketplace that claim to be able to significantly enhance our memory. This chapter will review the established objective, scientific evidence for techniques which may or may not be able to improve the functional efficiency of our memory. The focus will be on techniques such as mnemonics which may improve the efficiency of the 'software' of memory, but reference will also be made to possible future manipulation of the 'hardware' underpinning memory, whereby it may be possible in the future to use drugs, prosthetic devices and/or neural implants to attempt to correct problems in memory due to brain injury. We also consider mnemonists in this chapter (i.e. people with fantastic memory abilities) – particularly the person known as 'S'. People may often wish for a 'perfect memory', but the story of 'S' shows that being able to forget has distinct advantages.

Can you improve your memory?

The 'hardware'

At the present time, none of us can reliably improve the machinery underlying our memory, at least in terms of the biological 'hardware' involved. In scientific terms, there is currently no reliable way that the neural systems underlying memory can be systematically enhanced (although – of course – it is comparatively easy to damage these systems via head injury, alcohol and other forms of physical and chemical abuse).

There is some evidence that some agents (such as stimulants, e.g. nicotine or caffeine) can enhance our memory – often through improving our attention (and thereby improving our encoding of memory materials). However, these stimulant effects are only reliably observed when we are tired or our cognitive system is otherwise compromised. And if they make us *too* aroused, these stimulants may have counter-productive consequences. There have also been claims that certain 'smart drugs' and other neurochemical agents can improve the functioning of the neural components underlying memory. Such agents typically appear to act through enhancing chemical transmission or communication between brain cells. But, again, these substances are really only consistently helpful for some people with impaired memory due, for example, to brain damage or illness (such as dementia). By contrast, in healthy individuals (where the brain appears to be functioning at more or less its optimum capacity), the administering of such chemical agents does not really improve performance above this 'ceiling' level. A relatively crude analogy might be that of a car's engine: if you already have sufficient oil in the sump to lubricate the engine effectively, then adding more oil will not necessarily improve the functional efficiency of the engine and the transmission of power.

It might be possible to improve the 'neural hardware' underlying memory in the future – perhaps i) through genetic and neural manipulation and transplantation techniques, or ii) through the interfacing of carbon-based and silicon-based hardware. In the above, i) relates to putatively enhancing the substrate of our brain, whereas ii) relates to the use of prosthetic artificial devices. There have already been attempts to conduct both of these procedures in laboratory animals. However, these proposed techniques remain controversial. So at present, it seems that we can really only work with the neural hardware that we currently have available in our heads, and try to make sure that the 'software' running on those systems is working optimally. How do we do this?

The 'software'

What constitutes 'best practice' for remembering more?

When Ebbinghaus was learning his nonsense syllables, he found that there was a direct relationship between the number of learning trials and the amount of information retained (see Chapter 1). Ebbinghaus concluded that the amount learned was proportional to the time spent learning: other things being equal, if you doubled the amount of time spent learning, you would double the amount of information stored. This became known as the *total time hypothesis*, which is the basic relationship underlying the whole of the human learning literature. Yet, we have already seen that different types of memory encoding produce differential levels of performance (Chapter 2). Moreover, we have seen in Chapter 1 how Ebbinghaus' memory techniques were in some ways artificial. So, despite the general relationship between the amount of practice and the amount remembered, there are other ways in which one can get a better return for time spent learning:

- The *distribution of practice effect* tells us that it is better to distribute learning trials across an extended period of time, rather than to mass trials together in a single block: 'little and often' is the key principal here. So cramming for an examination cannot replace solid, sustained revision.
- On a related theme, *errorless learning* is a flexible strategy in which a new item is initially tested after a short delay; then, as the item becomes better learned, the practice interval is gradually increased. The main aim is to test each item at the longest interval

at which it can be reliably reproduced. This seems to work quite effectively as a learning technique. A beneficial by-product of errorless learning is that the motivation of the learner is sustained, because the rate of memory failure is kept at a low level.

- If you remember something for yourself (such as recalling the spelling of a word), this tends to strengthen the memory more effectively.
- Focusing attention on what you are learning is an effective approach. Victorian educators placed a lot of emphasis on repetition and rote learning; but repetition of information does not ensure that attention is being paid to the material (as we have seen previously in this book, nothing is likely to get into long-term memory unless you attend to it).
- Coding information both verbally and visually (i.e. creating a visual image of a verbal item), and creating 'mental maps' are often effective learning techniques. (The author Tony Buzan has produced a number of books and other publications describing the use of 'mental mapping' techniques. Please see Further reading on page 139.) The use of other types of mnemonic technique can also be very effective (see later in this chapter).
- The way in which we process information is crucial. People seek meaning in information they are trying to remember, and if there is an absence of meaning, people try to impose their own meaning on the material (see Chapter 1, where we considered Bartlett's *War of the Ghosts* story). Building on this phenomenon, a general rule is that it often helps to relate new material to yourself and to your own circumstances as richly and elaborately as possible in the time available. And seeking to understand information that you are studying, rather than passively learning it, typically improves memory. (It seems that the processing of meaning typically links in more of our general knowledge, thereby semantically coding information more richly and improving subsequent memory performance.)

- Motivation to learn information is another important factor, although its effect may well be indirect (for example, if someone is highly motivated, this will influence the amount of time spent attending to the material to be learned – and this will typically improve the amount of learning taking place).
- There is a complex mutually reinforcing relationship between attention, interest, motivation, expertise and memory, so that the more knowledgeable you become in a particular field, the more interest you will have in it – and your knowledge and interest will reinforce each other in improving your memory for material in that field. An example of this might be the memory researcher, who finds it progressively easier to acquire and retain new findings in the field, the greater his or her expertise! The same principle applies to many walks of life; for example, the sales manager may be able to assimilate information about new products, building on his or her knowledge of products that have been sold in the marketplace over the past several decades.

In summary, improving memory performance requires application, initiative, and persistence, but there are also some reliable techniques that can help us. Furthermore, what we remember depends, in part, on how we were thinking, feeling, and acting at the time of the original experience (please refer to the state-dependent memory effects discussed in Chapter 3). This knowledge can allow us to develop strategies that help us modify what we remember.

We next consider in more detail some of the more significant factors influencing memorability of information.

Rehearsal

An early strategy often adopted by children is to repeat material over and over again 'in their heads'. The mere repetition of information, with no additional thought about meaning or associations, can help us to retain information for a few seconds, but it is generally a very poor method of learning for the longer term (see Chapter 2).

For example, Craik and Watkins asked participants to learn lists of words. In one condition, participants were encouraged to repeat the last few words in the list over and over again for some time before recall. Memory testing occurred immediately after the list had been presented. Participants recalled the repeated words well in the immediate test, but at the end of the experiment all of the different lists that had been presented were tested again. In the final test, the words that had been rehearsed repeatedly (and remembered better in the immediate test) were recalled no better than other words that had not been repeated by participants at all. The repetition was described as *maintenance rehearsal*. This kind of rehearsal apparently maintained information in memory temporarily, but did not improve longer-term memory.

In contrast to maintenance rehearsal, some participants in the Craik and Watkins study used *elaborative rehearsal*. Rather than passively repeating information in an effort to maintain its availability, in elaborative rehearsal the meaning of the information is considered by participants and this meaning is elaborated. Although both types of rehearsal can keep information available for a short time, it was found that recall after a delay is much better when the information has been rehearsed elaboratively than when it has merely been rehearsed in a maintenance fashion. It is as if elaborative rehearsal recodes the information so that it is retained more effectively (refer back to the 'levels of processing' framework cited in Chapter 2).

Expanding retrieval practice

Regardless of the type of rehearsal, later recall of information benefits from spaced *retrieval practice*, which involves trying to remember information over spaced time intervals. This method is sometimes called *expanding rehearsal* or *spaced retrieval.* This approach may be regarded as a technique for maximizing learning, with mental effort applied in an optimal manner. The underlying principle here is that memory is strengthened most when recall is attempted just before it becomes too difficult to accomplish. This time point is, of course, somewhat difficult to determine – such that reasonable estimates are typically made. It is interesting to reflect on how this principle dovetails with the principle of *errorless learning*, which is considered later in this chapter.

The fundamental principles underlying spaced retrieval are as follows. When we first encounter some information, it may be relatively fragile in terms of memorability. By successfully recalling the information correctly a short while after studying it, we are more likely to recall it again later – so we can allow a somewhat longer delay before our next successful retrieval effort. With each successful effort, the delay between each retrieval attempt can increase, and yet still lead to further successes.

The effectiveness of an expanding schedule for retrieval practice was demonstrated by Landauer and Bjork. These researchers read fictitious first and last names to participants, who were later asked to recall the fictitious last names when the fictitious first names were shown to them again. The tests were scheduled to explore a range of scenarios, including testing an *expanding schedule* – in which memory tests were at first introduced after a short delay, after which the interval was steadily increased. For the expanding schedule, the first test (for example, for the name *Jack Davies*) took place immediately, then the second test took place after three intervening items (for example, *Jack Davies*, then *Jim Taylor*, then *Bob Cooper* then *John Arnold*, followed by testing with the word Jack ------?), and then the third test occurred after ten further intervening items. In this study, Landauer and Bjork found that any retrieval practice was beneficial (relative to the control, unpractised condition), but that the greatest benefit was observed for this expanding schedule, which produced recall at approximately twice the level of unpractised items.

Expanding retrieval practice is an excellent strategy for students. It is relatively undemanding in terms of the effort and creativity required, and yet it can be applied to virtually any material.

The benefits of spaced study

A related concept concerns the advantages of spaced study. It may be natural to plunge intensively into trying to learn new information, but this strategy has been shown repeatedly to be misguided. The benefits of spacing study trials were observed by Ebbinghaus (see Chapter 1), who found that spreading his study sessions over three days approximately halved the amount of time required when recalling lists of nonsense syllables. In fact, two spaced presentations of material to be learned are often twice as effective as two concentrated, unspaced presentations.

Bahrick and Phelps demonstrated the robustness of the spaced study effect. They compared the performance of participants who had originally learned and then relearned Spanish vocabulary by testing them eight years after the teaching session. One group had originally learned and relearned the vocabulary with an interval between learning and relearning of 30 days, whereas the other group had learned and relearned the material on the same day. Eight years later, the participants who had learned and relearned the material with a 30-day interval showed a level of memory performance that was 250% higher than the same-day learning/relearning group!

Meaning and memory

Meaning has a major influence on memory, as we saw in Chapter 1 and elsewhere. Ebbinghaus argued that – if he was to discover the fundamental principles of memory – then he would need to study the learning of simple, systematically constructed materials. But while Ebbinghaus spent much of his time learning nonsense syllables, he nevertheless recognized that the study and retention of memory material could be influenced by its meaning.

As we saw in Chapter 1, Ebbinghaus created syllables by stringing together a consonant sound, a vowel sound, and a consonant sound. Some of these consonant-vowel-consonant trigrams comprised short words or meaningful parts of words, but most of these trigrams were relatively meaningless syllables. Ebbinghaus made lists of these syllables and learned them in order – often requiring many trials to learn them perfectly. In contrast to his relatively slow learning of these syllables, his acquisition of more meaningful materials such as poetry was considerably faster.

A further demonstration of the importance of meaning for the recall of very different material was provided by some relatively recent research conducted by Bower and colleagues into memory for *droodles* (i.e. simple line drawings of nonsense pictures). Some participants were given a meaning for each droodle (e.g. an elephant riding a monocycle). Bower and colleagues noted that the individuals who were given a meaning for each droodle were able to sketch the pictures from memory far better (70% correct) than participants who were not given these meanings (51% correct).

External aids

Nowadays we also have access to a number of artificial *external* memory aids, such as computers, personal digital assistants (PDAs), mobile phones, voice recorders, diaries, minutes, company reports, lecture notes, and so on. Perhaps the oldest example of an external memory aid is the knot in the handkerchief, which doesn't provide us with any information as such, but tells us that we need to search our memory system to recall an important piece of information.

External memory aids in the 21st century are sophisticated, and can work extremely well – until we don't or can't have them with

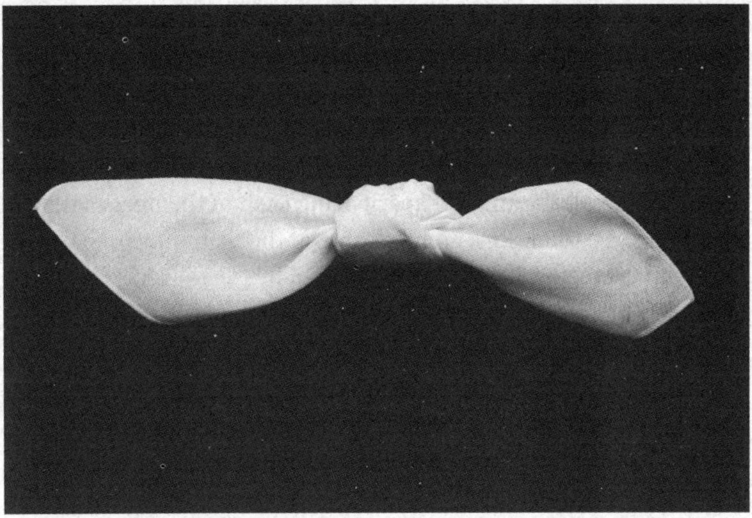

21. Perhaps the oldest example of an external memory aid is the knot in the handkerchief. This mnemonic doesn't provide us with any specific information, but tells us that we need to search our memory system to recall something important

us (for example, in some school or university examinations). If we want to improve our memory without having to rely on an artificial external aid, then (in addition to applying the principles outlined earlier in this chapter), we may wish to follow the example of people with so-called 'exceptional memory', who often use specific techniques called 'mnemonics'.

Mnemonics

A mnemonic is a way of organizing information to make it easier to remember – typically by using codes, visual imagery, or rhymes (sometimes in combination). Two well established methods are the 'method of loci' and 'pegwords'.

The method of loci

The oldest mnemonic method is the method of loci, taught from Classical times until the present day. The technique involves knowing a series of places or loci that are familiar yet distinct – students might use places around their school or university buildings. The first item to be remembered is imagined in the first of these places (i.e. by creating a mental image), the second item is imagined in the second place, and so on. The subsequent recall of this information then involves mentally revisiting the places and re-experiencing each of the images that were created earlier. Research has shown the technique to be highly effective, but its use can be limited by the relative unavailability of suitable locations and materials with which one can create images.

The origin of the technique is reputedly as follows. In about 500 BC, the Greek poet Simonides attended a celebration. Shortly after delivering a eulogy there, he was called away. This turned out to be a stroke of luck for him, because just after he left, the floor of the banqueting hall collapsed and several guests at the banquet were injured or killed. Many of the bodies from the tragedy were, allegedly, unrecognizable – making it impossible for relatives to identify the people in order to give them an appropriate burial. But Simonides found that he could quite easily remember where most of the guests had been seated at the time he left the banqueting hall, which made it much easier to identify the relevant individuals.

Based on this experience, Simonides was said to have devised a general mnemonic technique. The method involved visualizing a room or building in great detail, and then imagining various to-be-remembered objects or pieces of information placed in particular locations. Whenever Simonides needed to remember what these items were, he would imagine himself walking through the room or building and 'picking up' those items, i.e. collecting those specific pieces of information. This system of memorizing became popular with Classical orators like Cicero, who had to remember very long sequences of text for their orations. Indeed, it is still used today (for example, by people giving speeches at weddings – where it is often important to remember a sequence of

22. The 'method of loci' is a mnemonic technique which originated in ancient Greece. The method involves visualizing a room or building in great detail, and then imagining various to-be-remembered objects or pieces of information placed in particular locations within that building or room

items in a particular order). The technique seems to work particularly well with concrete words, such as the names of objects, which can be 'placed' in a particular location. But it can also work with abstract words, such as 'truth', 'hope', and so on – provided the person can generate a representative image of the abstract concept and locate it appropriately.

Pegwords

The method of loci has since been elaborated into the more flexible *pegword* system, using a phonetic mnemonic in the construction of the pegwords: '1 is a bun, 2 is a shoe, 3 is a tree, 4 is a door, 5 is a hive, 6 is sticks, 7 is heaven, 8 is a gate, 9 is wine, 10 is a hen'. Suppose you need to remember a shopping list, and the first word in your list is 'birthday card'. Using pegwords, you link this with the image associated with number 1, bun. So you might create a visual image of a bun sitting on top of a birthday card. If the second word is 'orange juice', you might think of juice being poured into shoe – generally speaking, the more bizarre the image, the better this technique seems to work. Furthermore, this method is particularly useful when one needs to remember things in a specific sequence (such as a series of road names forming a particular route).

As with the method of loci, this technique can be used for a wide range of materials that need to be remembered – one simply needs to link each item in the sequence to each of the pegwords, by making a particularly evocative and memorable association. *Pegword mnemonics* allow a much more flexible use of the imagery mnemonic than the method of loci and can be dramatically effective. Indeed, they form the basis of most professional memory improvement techniques. The pegs provide easily accessed memory cues, while the use of imagery links the cue and the item to be remembered through robust visuo-spatial associations.

So, in this technique easily imagined pegwords replace the places of the method of loci. Although the technique remains based on visual imagery, using the pegword technique we might learn words to represent each of the numbers from 1 to 100. The technique is designed so that the pegwords themselves are easily learned – because they are constructed according to a few simple rhyming rules which permit numbers to be strongly associated with the pegwords.

Other imagery mnemonics using the pegword technique have been developed. For example, Morris, Jones, and Hampson evaluated a technique that was recommended by several professional memory performers. To remember a name, it first had to be converted into some easy-to-image pegword form. For example, the name Gordon could be converted into a 'garden'. Then a garden would be imagined growing on some prominent feature of the person's face to link the pegword cue (i.e. the word 'garden') and the item to be remembered (i.e. the name of the person). By this method, the pegword cue 'garden' could be deciphered into 'Gordon' to produce the correct name on presentation of the person's face. Morris, Jones, and Hampson found that this mnemonic produced an overall 80% improvement in the learning of names.

Similar techniques have been extended to language learning, such as the *Linkword system* (developed extensively by Gruneberg). By this technique, foreign words are converted into some similar sounding English word that can be easily imaged. An evocative mental image is then formed to link the image with the actual meaning of the foreign word. So, for example, the French for rabbit is *lapin* – so one might imagine a rabbit sitting in someone's lap.

In a recent book, Wilding and Valentine describe studies of memory champions and other memory experts, many of whom have discovered for themselves the value of mental imagery as a memory improvement technique. The use of imagery is not essential for memory improvement, but it represents a powerful method whereby material that is superficially relatively meaningless and disconnected can be made more meaningful and connected – and therefore easier to remember.

Verbal mnemonics

Although classical mnemonics relied mainly on visual imagery (such as the method of loci), in later times verbal mnemonics were developed. For example, a simple way of connecting words from a list is to compose a story. Research has shown that asking people to make up a story that links together a list of words makes later recall of those words much better. In addition, many students are familiar with rhymes such as '30 days hath September, April, June and November . . .', where rhythm and rhymes provide structures that aid recall.

Mnemonics using verbal materials tend to fall into one of two categories: using either a *reduction code* or an *elaboration code*. A reduction code reduces the amount of information (for example, to remember certain rules of trigonometry, my father was taught at school to use the nonsense word *SOHCAHTOA*), whereas an elaboration code increases or meaningfully recodes the same information (to learn the same trigonometric relationships, I was taught at school to use the expression *Some Old Horses Chew Apples Heartily Throughout Old Age*). Another example of an elaboration code is the first-letter mnemonic *Richard Of York Gave Battle In Vain*, which helps us to remember the colours of the rainbow by matching the first letter of each word (Red, Orange, Yellow, Green, Blue, Indigo, Violet).

For both elaboration and reduction codes, the coding technique produces information that is easier to remember than the original source material, because the coded information is typically more meaningful to the user than the original source information. Such techniques have been used to remember, for example, dates in history. By assigning numbers to the letters of the alphabet, if one is having trouble remembering a specific date, such as 1815 for the

Battle of Waterloo, this could instead be re-coded as AHAE. Although this is a nonsense word, it could be more meaningful to the person concerned than the number itself (for example, it could be used to create an acronym, such as 'An Historic Attack (in) Europe'). Of course, as with every mnemonic, the time and energy invested in deriving and applying the mnemonic has to be weighed against the potential added value that the mnemonic contributes in remembering.

Reduction codes and elaboration codes can be used together. For example, as a medical student I was taught to remember the cranial nerves via a code which first reduced the first letter of each of the cranial nerves (O, O, O, T, T, A, F, A, G, V, A, H), and then transformed these letter via an elaboration code into a bawdy (and very memorable!) verse. As I write this book almost twenty five years later, I can still remember the verse, even if I may struggle a little to convert back from the verse to the original source information (i.e. the names of the twelve cranial nerves). This example illustrates the enduring quality of some mnemonics, but also indicates one potential problem, i.e. when the 'mnemonic code' becomes disassociated from the source material. So some mnemonics may work best when the source material is readily accessible, but merely needs to be structured or sequenced appropriately.

Other forms of well-learned information can also be used to supplement memory for facts or stimuli. For example, musical people may find that by setting particular words to a well known tune, memory for those words can be enhanced. This technique has been used by students for remembering complex sequences (such as biochemical pathways) and for retaining elaborate structural and conceptual frameworks (such as the inter-relationships of different neuroanatomical structures). And people who are fascinated by numbers sometimes find that strings of digits have rich personal associations. These associations can then be stored in long-term memory, making it easier to remember long strings of digits in a series of 'chunks', rather than as individual digits (assuming, of course, that the to-be-remembered digit strings can be related to the number 'chunks' that are already stored in long-term memory). For example, someone interested in numbers or mathematics may have committed to memory that the first four digits of *pi* are 3.142, and they may then be able to use this information to help them to code other numbers for subsequent remembering.

Remembering names

As we have seen throughout this book, meaning plays a major role in determining what we can remember. Consider the case of remembering names. People who feel they have a bad memory commonly complain that they find names especially difficult to remember. In fact, people are generally poor at dealing with a new name. When introduced to a new person, our minds are usually otherwise occupied (for example, by a parallel conversation), and so we often fail to attend to that person's name. Then we most likely do not use or try to think of the person's name until much later, by which time memory often fails. We can improve our memory for people's names by paying full attention and saying that person's name back to them when we first are introduced.

But there is more to the problem of remembering names than merely not paying attention to and not using someone's name until much later. Cohen and Faulkner presented participants with information about fictitious people: their names, the places they came from, their occupations, and hobbies. The participants remembered all the other attributes of these fictitious people better than their names. Why? It would seem that this is not simply because names are unfamiliar words, because many names are also common nouns (e.g. Potter, Baker, Weaver, Cook). Systematic research studies have been conducted in which people studied the same set of words – but sometimes the words were presented as names, and other times as occupations. Notably, the same words were remembered much better when they were presented as occupations rather than as names. So, it is apparently easier to learn that someone is a carpenter than that they are named Mr Carpenter!

Nevertheless, it seems that names that are also real words do have an advantage (in terms of their probability of being remembered) over 'non-word' names. The lack of meaningful (i.e. semantic) associations to some names may be part of the explanation for why they are harder to learn. Cohen has shown that meaningful words presented as names (e.g. Baker) are better remembered than names which are less meaningful (such as Snodgrass). But in the 21st century names are often treated as being meaningless – think for a second how it sometimes comes as a surprise when we recognize that they are also occupations or objects (for example, the names of the recent political leaders, Thatcher and Bush). Indeed, it is known that attending to the meaning of someone's name can improve memory for this name, especially when this is combined with practice in recalling them. Furthermore, if we can form associations between someone's appearance and their name, then we can improve our memory for that person's name – especially if we are able to form a salient visual image. So, if we meet someone called Jack who looks like an actor we know called Jack, or if we meet someone called Taylor who is wearing fine clothes, then we may well be able to use these associations to improve our memory for that person's name.

Reflecting on our own learning

Metamemory refers to the understanding that we have of our own memory. How accurate are we at judging how well we have learned something? This is an important consideration – because if we can adequately judge how well (or poorly) we have learned material, we can apply this knowledge to inform our subsequent study plans, spending additional time on material that is less well learned. What does the objective evidence indicate? If a judgement is made soon after studying material, it seems that we are comparatively poor at predicting our later memory performance. On the other hand, when the judgement is made after a delay, it seems that we are relatively better at making this judgement. Some additional research suggests that, in some learning situations, people are more likely to schedule their study time with emphasis on areas that they know well or find particularly interesting – but neglecting areas that need work. This finding indicates that we need to discipline ourselves to structure our time systematically across the topics that we are required to assimilate if we are to learn effectively.

The man with a perfect memory

> Happiness is nothing more than good health and a bad memory.
>
> Albert Schweitzer

People often wish for a 'perfect memory'. But the following story shows that being 'able' to forget has distinct advantages. Shereshevskii (or 'S'), whose story is reported in Luria's book *The Mind of a Mnemonist*, had a truly remarkable memory, which relied very heavily on imagery. He also seemed to manifest a particular phenomenon called *synaesthesia*, whereby certain stimuli provoke unusual sensory experiences. To a person with this condition, hearing a particular sound might evoke a specific smell, or seeing a certain number might evoke a particular colour.

'S' was first discovered when, as a journalist, his editor noticed that he was exceptionally good at remembering instructions that he was given before he investigated a story. Indeed, 'S' appeared to manifest close to perfect recall of even apparently meaningless information. However complex the briefing he received, it seemed that he never had to take notes, and he could repeat anything that was said to him almost word for word. 'S' took this ability for granted, but his editor persuaded him to see a psychologist, A. R. Luria, for tests. Luria set a series of increasingly complex memory tasks, including lists of more than 100 digits, long strings of nonsense syllables, poetry in unknown languages, complex figures and elaborate scientific formulae. Not only could 'S' repeat this material back perfectly, but he could also perform tasks such as repeating the information back in reverse order. He could even recall the information several years later.

The secret of 'S's' exceptional memory seems to be that he was able to create a wealth of evocative visual and other sensory associations without too much effort, probably related to his synaesthesia. This meant that even information that appeared dry and dull to other people created a vivid multimodal sensory experience for 'S' – not only in visual terms but also, for example, in terms of sound, touch, and smell. So 'S' could encode and store any piece of information in a very rich and elaborate way.

One may imagine that it would be wonderful to have an almost perfect memory – as 'S' did. But in fact, forgetting is generally quite adaptive, in that (as a general rule) we tend to remember those things that are important to us, while those things that are less important to us tend to fade. So, generally speaking, our memory tends to work like a sieve or filtering mechanism to ensure that we don't remember absolutely everything. By contrast, 'S' tended to remember almost everything, and his life became quite miserable. The main problem for 'S' seemed to be that new information (such as idle talk from other people) set off an uncontrollable train of distracting memory associations for him. Eventually, 'S' could not even hold a conversation, let alone function as a journalist.

However, 'S' did become a professional mnemonist, giving demonstrations of his extraordinary skills on stage – so he used his ability to earn his living. But he had tremendous difficulty forgetting some of the abstract information that he reproduced during these performances, finding that his memory became more and more cluttered with all sorts of useless information that he didn't need, and would rather forget.

Advice when studying for an examination or test

Memory depends very much on the perspicuity, regularity, and order of our thoughts. Many complain of the want of memory, when the defect is in the judgment; and others, by grasping at all, retain nothing.

Thomas Fuller

- **Select a working environment that doesn't have too many distractions, so you can focus on the target information rather than on distractors that may be occurring in the environment. (Recall the importance of paying attention and appropriately encoding target materials for subsequent memory performance – as discussed earlier in this chapter.) This point notwithstanding, people often find that music can assist in creating a relaxed environment that is suitable for study, although (for reasons probably related to distraction) a more familiar piece of music is likely to be more helpful in this respect than a novel piece. A related point is to try to encode the information as actively as possible – for example, when reading a textbook, imagine yourself questioning the author of the piece. Try to relate what is being said to what you already know.**
- **Think about the interrelationships between different concepts, facts and principles in the field that you are studying (this will not only help you when you are trying to learn the material in preparation for an examination, but it will often also help you in answering the questions set during the exam itself).**
- **Think broadly about the topics you are studying and try to imagine their application to problems in your everyday life, i.e. problems you have encountered personally.**
- **Relate new material to yourself and your own interests as richly and elaborately as possible. You are then likely to**

make a much better job of reproducing that information in an examination context.

- **Related to the last point: try to learn *actively* rather than *passively*. It is often said that the best way to learn a subject is to teach it, because to convey the information to someone else, you must be able to reproduce it – not just in a passive way, but also with understanding. In other words, don't move on in your study as soon as you can recognize the correct answer, but only when you can reproduce this answer spontaneously without being prompted, and you can explain the material comprehensibly to yourself or to someone else. (Study groups formed with other students can be useful in this respect.)**
- **Organization of information helps in two ways: i) by structuring what is being learned, so that recalling a fragment of that information may well recall the whole, and because ii) by relating newly learned material to one's existing knowledge structure, it is easier to comprehend new material.**
- **Practice is also important – you can't completely escape the effects of the 'total time hypothesis', which states that (other things being equal) the amount you learn depends on the amount you practise. This applies whether you are learning facts, theories, movements in a dance sequence, or a foreign language. However, as we saw earlier in this chapter, massing all your practice together into a marathon learning session (such as cramming for an examination) is not an efficient way of learning – little and often is a much better learning strategy (using techniques such as spaced retrieval).**
- **Use those times in your life when there's an unoccupied interval to good effect (for instance, if you are waiting for**

a bus and you have some study material to remember, use that time effectively). Keep a selection of notes on cards, or use your laptop, PDA or mobile phone to jot down notes, to create associations and mental maps, and to refresh your memory of the to-be-remembered material.

- Based on their research findings, Bransford and colleagues have laid great emphasis on 'transfer appropriate processes' or 'encoding specificity' (see Chapter 3). This principle states that what is important about a learning task is how it 'transfers' knowledge to the testing situation. By this view, people should try to engage in activities during learning which mimic what they will need to do in a test or examination situation – in order to optimize subsequent memory performance.
- On a related note, do not study when tired, and try to undertake your revision as much as possible when you are in a similar type of physical and emotional context as you are likely to be in at the time of the examination (e.g. seated at a simple table or desk). And you will attend to information better and encode stimuli more richly when you are alert rather than fatigued.
- Related to consistency in physical and emotional context, we saw in Chapter 3 how a change of context can adversely affect recall. Indeed, sometimes trying mentally to reconstruct the context in which one learned information (e.g. through imagery) can be useful for enhancing subsequent recall.
- Last but not least, consider using visual imagery and mnemonic techniques (such as those outlined in this chapter) to enhance your memory.
- The general message here is that good memory demands a high level of attention, motivation, and organization, and this in turn depends upon personal interest.

Final thoughts

Memory plays a critical role in many aspects of our daily existence. Indeed, without memory many other important capacities (such as language, the identification of familiar objects, or the maintenance of social relationships) would not be possible. It should be apparent after reading this book that memory represents a collection of abilities rather than a unitary capacity (as might be implied by an unfortunate tendency to refer to our memory in the singular in everyday speech). Moreover, memory is not a passive receptacle, nor is it necessarily a truthful recording of events in our lives. It is an *active* and *selective* process, with both strengths and weaknesses – which often represent the opposite sides of the same coin. Human memory is prone to a number of errors, many of which we have considered in this book. At the same time, our memory tends to record important events in our lives. So, we may propose the following seven defining features of memory:

1. Memory is important to people; it plays a role in comprehension, learning, social relationships, and in many other aspects of life.
2. Memory for a past event or information is indicated whenever a past event or information influences someone's thoughts, feelings, or behaviour at some later time. (The person need not be aware of any memory for the past event, and might not even have been aware of the event when it occurred; the intention to remember is also unnecessary.)
3. Memory is observed through free recall, cued recall, recognition, familiarity, and other behavioural changes such as priming and our physical actions.
4. Memory seems to involve more than just one system or type of process, as there is evidence that different sorts of memories can be influenced differently by specific manipulations or variables.
5. Memory is difficult to study – in that it must be inferred from observable behaviour.

6. Memory is not a veridical copy of a past event – events are constructed by people as they occur; remembering involves the re-construction of the event or information.
7. Psychologists have improved our understanding of many variables that influence memory, but there is still much to learn. Nevertheless, we can each be wiser users of our own memory by using effective mnemonic strategies and directing our efforts appropriately to help us learn and remember information.

Further reading

Introductory texts

Alan D. Baddeley, *Essentials of Human Memory* (Psychology Press, 1999). A fully referenced yet accessible overview of memory for the general reader, written by an international expert in the field. Each chapter contains suggestions for Further reading.

Tony Buzan, *Use Your Memory* (BBC Consumer Publishing, 2003). Provides an overview of mnemonic techniques from one of the most popular writers in the field who has published a range of other related texts.

Michael W. Eysenck and Mark T. Keane, *Cognitive Psychology: A Student's Handbook* (Psychology Press, 2005). Provides an overview of the core psychological processes which interface with, and impact upon, memory capacity – and which are themselves influenced by the operating characteristics of human memory (including attention, language, decision-making, and reasoning).

Daniel L. Schacter, *The Seven Sins of Memory* (Houghton Mifflin, 2001). Discusses the pros and cons of human memory in a lucid, informative, and entertaining manner.

More advanced texts

Gérard Emilien, Cécile Durlach, Elena Antoniadis, Martial Van der Linden, and Jean-Marie Maloteaux, *Memory: Neuropsychological, Imaging and Psychopharmacological Perspectives* (Psychology Press, 2003). Considers the biological processes that mediate and impact upon memory function, including the effects of brain injury and drugs, together with insights gained from neuro-imaging studies.

Jonathan K. Foster and Marko Jelicic, *Memory: Systems, Process or Function?* (Oxford University Press, 1999). Considers the central debate of how human memory should be conceptualized in theoretical and practical terms.

Endel Tulving and Fergus I. M. Craik (eds.), *The Oxford Handbook of Memory* (Oxford University Press, 2000). A *magnum opus* reviewing the field of memory research, with individual chapters written by the world's leading memory scientists.

“牛津通识读本”已出书目

古典哲学的趣味
人生的意义
文学理论入门
大众经济学
历史之源
设计，无处不在
生活中的心理学
政治的历史与边界
哲学的思与惑
资本主义
美国总统制
海德格尔
我们时代的伦理学
卡夫卡是谁
考古学的过去与未来
天文学简史
社会学的意识
康德
尼采
亚里士多德的世界
西方艺术新论
全球化面面观
简明逻辑学
法哲学：价值与事实
政治哲学与幸福根基
选择理论
后殖民主义与世界格局
福柯
缤纷的语言学
达达和超现实主义
佛学概论
维特根斯坦与哲学
科学哲学
印度哲学祛魅
克尔凯郭尔
科学革命
广告
数学
叔本华
笛卡尔
基督教神学
犹太人与犹太教
现代日本
罗兰·巴特
马基雅维里
全球经济史
进化
性存在
量子理论
牛顿新传
国际移民
哈贝马斯
医学伦理
黑格尔
地球
记忆
法律
中国文学
托克维尔
休谟
分子
法国大革命
民族主义
科幻作品
罗素
美国政党与选举
美国最高法院
纪录片
大萧条与罗斯福新政
领导力
无神论
罗马共和国
美国国会
民主
英格兰文学
现代主义
网络
自闭症
德里达
浪漫主义
批判理论

德国文学
戏剧
腐败
医事法
癌症
植物
法语文学
微观经济学
湖泊
拜占庭
司法心理学
发展
农业
特洛伊战争
巴比伦尼亚
河流
战争与技术

儿童心理学
时装
现代拉丁美洲文学
卢梭
隐私
电影音乐
抑郁症
传染病
希腊化时代
知识
环境伦理学
美国革命
元素周期表
人口学
社会心理学
动物

电影
俄罗斯文学
古典文学
大数据
洛克
幸福
免疫系统
银行学
景观设计学
神圣罗马帝国
大流行病
亚历山大大帝
气候
第二次世界大战
中世纪
工业革命